职业教育"动漫设计制作"专业系列教材

"文化创意"产业在职岗位培训系列教材

动漫后期合成与编辑

李连璧 周祥◎主编 王洋 张燕◎副主编

U0316409

清华大学出版社

北京

内 容 简 介

本书根据中外动漫产业发展的新特点,结合动漫后期合成与编辑操作规程,具体介绍动漫编辑、动漫后期合成、数字非线性编辑、剪接操作、过渡效果、关键帧动画、视频特效制作、多轨叠加合成、字幕处理、渲染输出、制作流程等基本知识,并注重通过强化实践训练提高应用技能与能力的培养。

本书将动漫创作理论和后期制作实践相结合,通俗易懂,可操作性强,能够使读者在较短时间内学习掌握动漫后期合成与编辑的软件使用方法和技巧。

本书既可作为本科及高职高专院校动漫专业的首选教材,也可作为动漫企业从业人员的职业教育岗位培训教材,对于广大文化创意企业创业者也是一本必备的自我训练指导手册。

图书在版编目(CIP)数据

动漫后期合成与编辑/李连璧,周祥主编. --北京:清华大学出版社,2016
职业教育"动漫设计制作"专业系列教材 "文化创意"产业在职岗位培训系列教材
ISBN 978-7-302-44516-6

Ⅰ. ①动… Ⅱ. ①李… ②周… Ⅲ. ①动画制作软件-职业教育-教材 Ⅳ. ①TP391.41

中国版本图书馆 CIP 数据核字(2016)第 171825 号

责任编辑:田在儒 闫一平
封面设计:牟兵营
责任校对:刘 静
责任印制:沈 露

出版发行:清华大学出版社
   网   址:http://www.tup.com.cn,http://www.wqbook.com
   地   址:北京清华大学学研大厦 A 座 邮 编:100084
   社 总 机:010-62770175   邮 购:010-62786544
   投稿与读者服务:010-62776969,c-service@tup.tsinghua.edu.cn
   质 量 反 馈:010-62772015,zhiliang@tup.tsinghua.edu.cn
   课 件 下 载:http://www.tup.com.cn,010-62770175-4278
印 装 者:北京嘉实印刷有限公司
经 销:全国新华书店
开 本:185mm×260mm 印 张:9.75 字 数:218 千字
版 次:2016 年 9 月第 1 版 印 次:2016 年 9 月第 1 次印刷
印 数:1~1500
定 价:29.00 元

产品编号:070392-01

动漫后期合成与编辑

系列教材编审委员会

随着国家经济转型和产业结构调整,2006 年国务院办公厅转发了财政部等部门《关于推动中国动漫产业发展的若干意见》,提出了推动中国动漫产业发展的一系列政策措施,有力地促进和推动了我国动漫产业的快速发展。

据统计 2007 年,国内已有 30 多个动漫产业园区、5400 多家动漫机构、450 多所高校开设了动漫专业、有超过 46 万名动漫专业的在校学生;84 万个各类网站中,动漫网站约有 1.5 万个、占 1.8%,比 2006 年增加了 4000 余个、增长率约为 36%,动漫网页总数达到 5700 万个、增长率为 50%。根据文化部专项调查显示,2010 年中国动漫产业总产值为 470.84 亿元,比 2009 年增长了近 28%。

动漫产品、动漫衍生产品市场空间巨大,每年儿童动漫产品及动漫形象相关衍生产品:食品销售额为 350 亿元、服装销售额达 900 亿元、玩具销售额为 200 亿元、音像制品和各类出版物销售额为 100 亿元,以此合计,中国动漫产业拥有超千亿元产值的巨大市场发展空间。

动漫作为新兴文化创意产业的核心,涉及图书、报刊、电影、电视、音像制品、舞台演出、服装、玩具、电子游戏和销售经营等领域,并在促进商务交往、丰富社会生活、推动民族品牌创建、弘扬古老中华文化等方面发挥了越来越大的作用,已经成为我国创新创意经济发展的"绿色朝阳"产业,在我国经济发展中占有一定的位置。

当前,随着世界经济的高度融合和中国经济的国际化发展,我国动漫设计制作业正面临着全球动漫市场的激烈竞争;随着发达国家动漫设计制作观念、产品、营销方式、运营方式、管理手段的巨大变化,我国动漫设计制作从业者急需更新观念、提高技术应用能力与服务水平、提升作品质量与道德素质,动漫行业和企业也在呼唤"有知识、懂管理、会操作、能执行"的专业实用型人才;加强动漫企业经营管理模式的创新、加速动漫设计制作专业技能型人才培养已成为当前亟待解决的问题。

由于历史原因,我国动漫业起步晚但是发展速度却非常快。目前动漫行业人才缺口高达百万人,因此使得中国动漫设计制作公司及动漫作品难以在世界上处于领先地位,人才问题已经成为制约中国动漫事业发展的主要瓶颈。针对我国高等职业教育"动漫设计制作"专业知识新、教材不配套、重理论轻实践、缺乏实际操作技能训练等问题,为适应社会就业急需、为满足日益增长的动漫市场需求,我们组织多年从事动漫设计制作教学与创作实践活动的国内知名专家、教授及动漫公司业务骨干共同精心编撰本套教材,旨在迅速提高大学生和动漫从业者的专业技术素质,更好地为我国动漫事业的发展服务。

本套系列教材定位于高等职业教育"动漫设计制作"专业,兼顾"动漫"企业员工职业岗位技能培训,适用于动漫设计制作、广告、艺术设计、会展等专业。本套系列教材包括《动漫概论》《动漫场景设计造型——动画规律》《游戏动画设计基础——手绘动画》《漫画插图技法解析》《三维动画设计应用》《动漫视听语言》《3ds Max 动漫设计》《Flash 动画设计制作》《动漫后期合成与编辑》《动漫设计工作流程》等教材。

本系列教材作为高等职业教育"动漫设计制作"专业的特色教材,坚持以科学发展观为统领,力求严谨,注重与时俱进;在吸收国内外动漫设计制作界权威专家、学者最新科研成果的基础上,融入了动漫设计制作与应用的最新教学理念;依照动漫设计制作活动的基本过程和规律,根据动漫业发展的新形势和新特点,全面贯彻国家新近颁布实施的广告和知识产权法律、法规及动漫业管理规定;按照动漫企业对用人的需求模式,结合解决学生就业、加强职业教育的实际要求;注重校企结合,贴近行业、企业业务实际,强化理论与实践的紧密结合;注重创新、设计制作方法、运作能力、实践技能与岗位应用的培养训练;严守统一的格式化体例设计,并注重教学内容和教材结构的创新。

本系列教材的出版,对帮助学生尽快熟悉动漫设计制作操作规程与业务管理,对帮助学生毕业后能够顺利就业具有积极意义。

编委会
2016 年 1 月

动漫产业集动漫、网络游戏、多媒体技术、文化创业于一体，素有"21世纪知识经济核心产业"的美誉。随着计算机图形显示技术、多媒体信息处理技术、虚拟现实技术的发展与应用，动漫设计制作产业成为21世纪新知识经济的发动引擎。

动漫设计业作为国家文化创意产业的核心支柱，在国际商务交往、促进影视传媒会展发展、丰富社会生活、拉动内需、解决就业、推动经济发展、构建和谐社会、弘扬中华文化等方面发挥了越来越大的作用，在我国产业转型、经济发展中占有极其重要的位置。动漫产业正在以其强劲上升的势头成为全球经济发展中最具活力的绿色朝阳产业。

"动漫后期合成与编辑"既是动画专业的必修专业课程，也是动漫企业从业者必须掌握的关键知识技能。当前面对国际动漫产业的迅猛发展与激烈的市场竞争，对从业者专业技术素质的要求也越来越高，社会经济发展和国家产业变革急需大量具有理论知识与实际操作技能复合型的动漫设计制作与后期合成编辑专门人才。

为了保障我国文化创意产业经济活动和国际动漫设计制作业的顺利运转，应加强现代动漫从业者专业素质培养，增强动漫企业核心竞争力、加速推进动漫设计制作产业化进程、提高我国动漫创作设计制作水平，这既是动漫企业可持续快速发展的战略选择，也是本书出版的目的和意义。

本书共9章，以学习者应用能力培养为主线，根据中外动漫产业发展的新特点，结合动漫后期合成编辑的基本原则、过程与规律，系统介绍动漫编辑、动漫后期合成、数字非线性编辑、剪接操作、过渡效果、关键帧动画、视频特效制作、多轨叠加合成、字幕处理、渲染输出、制作流程等基本知识，并注重通过强化实践训练提高应用技能与能力的培养。

本书作为高等职业教育动漫动画设计专业的特色教材，坚持以科学发展观为统领，严格按照国家教育部关于"加强职业教育、突出实践能力培养"的教学改革要求，针对动漫后期合成编辑课程的特殊要求和职业应用能力培养目标，力求做到课上讲练结合、重在流程和方法的掌握，课下会用，能够具体应用于实际工作，对于学生毕业后顺利走上社会就业具有重要作用。

本书融入动漫后期合成与编辑最新的实践教学理念，力求严谨，注重与时俱进，具有结构合理、流程清晰、可操作性强、通俗易懂、突出实用性特点，并注重结合实践训练,对动漫后期合成编辑应用方式方法与技巧深入讲解,因此本书既可以作为本科及高职高专院校动漫专业的首选教材,也可以作为动漫企业从业人员的职业教育岗位培训教材,对于广大文化创意企业创业者也是一本必备的自我训练指导手册。

本书由李大军统筹策划并具体组织,李连璧和周祥为主编,李连璧统稿,王洋、张燕为副主编,动漫设计制作专家梁玉清教授审订。参加编写的人员有牟惟仲(序言),李连璧(第一章、第二章),张弛(第三章、第四章),顾玉琼(第五章、第七章),张燕、李连璧(第六章),王洋、周祥(第八章),童德富(第九章),华燕萍、李晓新(文字修改、制作课件)。

本书在编写过程中,我们参阅了大量有关动漫后期合成与编辑的最新书刊和相关网站资料,精选收录了具有典型意义的案例,并得到编委会及业界专家教授的具体指导,在此一并致谢。为配合教学,本书提供配套电子课件,读者可以从清华大学出版社网站(www.tup.com.cn)免费下载。因动漫后期合成编辑所采用的技术设备发展快且作者水平有限,书中难免存在疏漏和不足,恳请同行和读者批评指正,以便修订完善。

编　者

2016 年 7 月

目　录

第一章

动漫后期合成与编辑概论

（1）熟悉动漫创作的三个阶段；

（2）了解动漫后期合成与编辑的作用；

（3）学习动漫后期合成与编辑的流程。

引言

动漫后期合成与编辑是综合运用影视后期编辑设备，运用各种编辑技巧，对前期采集或制作好的动漫素材进行画面和音频的艺术特技效果制作并剪辑合成的制作过程。

在传统技术中，动漫的后期制作需要具备足够专业的操作能力和极其昂贵的专业设备。随着数字技术的迅猛发展，动漫后期制作的效果和效率全面提高，计算机逐步取代了许多传统的影视合成设备，动漫后期制作的专业硬件和软件已经完全转移到了计算机平台上，使得动漫制作更加贴近大众，让更多影视动画制作爱好者也能参与其中。

动漫后期合成和影视后期编辑没有质的区别，相比之下，动漫后期制作更简单一些，因为动画片制作程序复杂、耗资大，所以不能和电影一样制作那么多的备用素材，因此动画片导演前期做的大量工作，大大方便了后期剪辑。

同时，动漫自身的假定性也给了剪辑师更大的自由度。动画一般很少有纪录片，所以动漫剪辑并不强调真实的空间，蒙太奇的手段便更加多样化，这样大大拓宽了动漫后期制作人员的技巧。

第一节　动漫创作的三个阶段

动漫的创作是一个相当复杂的系统工程。虽然不同的动漫作品从创作意图、制作预算、工作周期和艺术表现等诸多方面都有很大的差别，但是从其创作过程和工作流程看还是有共同之处，大致可以分为前期策划、中期绘制和后期合成三大阶段。动漫创作如图1-1所示。

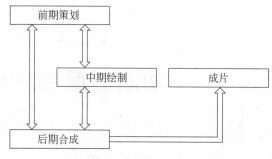

图 1-1　动漫制作流程

一、前期策划

前期策划是一部动漫作品的起步阶段,这一步骤准备充分与否尤为重要,往往需要主创人员就剧本的故事、剧作的结构、美术设计的风格和场景的设置、人物造型、音乐风格等问题进行反复研讨。一般来说,前期策划包括以下几个方面。

首先要有一部构思完整、结构出色的文学脚本。动漫与所有影视作品一样,其制作环节通常从人们常说的"剧本乃一剧之本"开始。"一剧之本"指的就是文学脚本,它保证了故事的完整、统一和连贯,是影片创作的基础,同时提供了未来影片的主题、结构、人物、情节、时代背景和具体的细节等基本要素,一般由编剧来完成。

动漫脚本与普通影视剧剧本又有所差别,需要编剧在撰写故事构架的同时能够更多地考虑动画片制作的特点,强调动作性和运动感,并给出丰富的画面效果和足够的空间拓展余地。文学脚本敲定后再由导演将其形象化,绘制分镜头脚本,如图 1-2 所示,脚本中有关于画面、机位的角度,以及使用何种剪接手法,色彩、光线的处理等各种提示。

画面分镜头脚本绘制是由导演将文学脚本变为画面,将故事和剧本视觉化、形象化,并非简单的图解,而是一种具体的再创作。它是一部动画片绘制和制作的最主要依据。中后期所有的环节都是依据分镜头脚本进行的,都必须严格服从脚本的要求。

接下来需要完整的音乐脚本和主题歌,音乐脚本一般多用于要求先期音乐的动画片,而主题歌的风格往往决定了整部作品的音乐基调,所以对具有先期音乐的动画片来说,音乐脚本和主题歌的确立都是非常关键的。

有先期音乐也就存在后期配乐,即先制作好画面,再根据画面的节奏和感觉,配以相应节奏和旋律的音乐,尽可能达到音乐与画面节奏的和谐、统一。

在前期策划中,还需要美术设计师依据脚本和导演的要求,设计和确立美术风格,设计完成主场景与主场景色彩样稿,以及人物造型、人物造型的色彩规范,这些场景和场景色彩样稿、人物造型以及色彩指定的设计直接关系到整部动画片的整体视觉效果和艺术风格。

一部动漫作品要经过十几道工序,由几十人甚至上百人共同经过长期的努力才能完成。在这一过程中,前期创意是决定中期绘制的标准,制作人员对后面的生产环节考虑得越周全、越细致,那么后面的工序制作到位的可能性就越大,也就越容易达到前期创意的

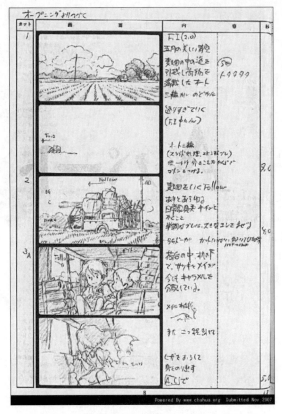

图 1-2　日本动画片《龙猫》的分镜头脚本

要求,生产效率才会提高。

二、中期绘制

　　中期绘制阶段的主要任务是动漫具体绘制和检验等工作,包括设计稿、原画和背景的绘制,检查及校对等。中期是一部动漫制作的关键,也是工作量和人员投入最多的环节。需要参与绘制的人员具有较高的绘画基本功和艺术修养,以及创造力、责任心和极强的耐心和毅力。

（一）设计稿

　　设计稿创作分为角色设计稿和背景设计稿,是根据动漫影片分镜头脚本中每个镜头的小画面进行放大、加工的画稿,设计稿是动画设计和绘景人员进行绘制的依据。创作者通常要做的有:镜头号、画框规格、时间(秒数)、关键 POSE、镜头移动指示、计算机操作及特效指示、各种组合线指示,以及背景设计、台词、声效、光源等。

　　形象地说脚本是样稿,而设计稿才是施工图纸。设计稿人员的任务是根据台本的指示将动作、场景、镜头移动、人物表情和运动等进行更加具体的指示。它对原画的质量有直接影响,同时又要完整表达导演的意图。

（二）原画

多数人对动画片的理解其实也就是原画和动画,这也说明了这两个步骤的关键作用,观众在屏幕上看到的景象基本由这两个步骤产生。原画实际上就是动画关键帧,主要负责关键动作帧的绘制,如图1-3所示。

早年的动画制作中并没有原画和动画一说,它们被统称为"动画"。如今动漫制作普遍将之分为两个部门,关键帧部门称为原画,助手的部门为动画或中间画。原画必须具备高超的手绘能力,准确地掌握时间、空间概念,以及关于运动规律的严谨的物理知识。原画按照设计稿的要求和人体造型本绘制出场人物的关键动作帧。

图1-3　计算机游戏原画设定

 小贴士

原 画 师

原画师又称主镜动画师,是动作设计者。其画成的稿件称为原画,是动漫导演艺术创作的重要组成部分。一个原画师除必须熟悉动画制作过程,具备最少一至两年动画师的累积工作经验之外,还要对镜头摄影技巧有一定研究。

一套动画一般会动用两至四个原画师来负责绘画主镜动画。在日本不论动画制作的资金如何紧绌,绘画主镜动画的工作一定会安排在日本国内,由国内的原画师负责制作。

作为原画师需要懂得运用Photoshop和Paint软件与电子手绘板创作,熟练掌握计算机CG绘画语言、色彩原理;能理解策划师给的文案,并转换为图画;符合项目要求,设计出风格统一的原画。

（三）修型

修型是原画的修改和誊清。对于着重动作的原画制作者而言,原画的画面并非整洁,人物造型未必十分准确,因此需要修型进行修正。修型通常在比较薄的有色纸张上作业。修型工作完成后,原画才算是最终定稿。

（四）动画

动画就是原画之间的衔接性画面,也称中间画,也就是按照要求绘制原画之间的画面从而使动作连贯。在日本,中间画操作被称为"中割"。动画似乎极其简单,同时又毫无创造性可言,但是它是动画创作最根本、最重要的一环,也是我们对动画制作技术经验积累的第一步。

大多数业者进入手绘动画领域都是从动画开始做起。对于手绘动画片来说,我们在银幕上看到的人物直接来自动画操作者。这个工作似乎对手绘能力并无严格要求,但它是动画片制作中最耗时、最劳累、压力最大的工作。它同时要求对其他部门的工作和技术有最大限度的了解,而且又要统一所有不同的画风,使一部动画片看起来像是同一个人画的。

(五) 动检和校对

在以上工作以外,还需要进行动检和校对,动检是在动漫画稿绘制完成后由专人对画稿的动作进行检查的工种;而校对也称"检查",是在动漫画稿拍摄或扫描前的准备工作之一。原画和中间画的关,如图1-4所示。

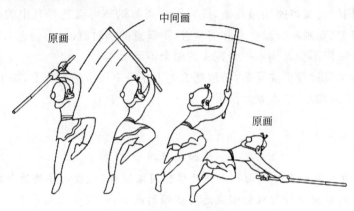

图1-4　原画和中间画的关系

动漫成品均集中于校对部门,由校对人员对每个镜头逐张检查,并与彩色背景合成,检查角色与背景的位置关系、透视角度、对位是否准确等,确保画面的总体效果。

中期工作量巨大,环节复杂,人员众多,一个高效的、懂得动漫制作环节的,具有责任心的制片和制作监督是必不可少的。制片的任务是协调前、中、后三个环节的工作,监督各流程、各工种的进度,并与前期导演和其他主创人员以及后期制作人员就成本的控制与艺术、技术等问题达成一致而有效的协议,确保整部动画片的制作周期和成本核算。

经过以上一系列复杂的流程,动漫影像素材就制作完成了,下一步就开始进入后期制作合成阶段,也是我们着重要介绍的一个制作环节。下两节详细讲述动漫后期合成与编辑的作用与制作流程。

第二节　动漫后期合成与编辑的作用

一、传统动画制作中后期编辑工作量较小

在影视剧拍摄时,每个镜头必须提前开机、延后关机,每个镜头的头、尾都比实际需要的长一些,这样才能给后期制作留出足够的选择空间。但是在动漫制作中就很不一样,动漫的每一帧画面都是手工画出来的,如果浪费一秒,原动画就得多画十几帧甚至更多。

因此动漫作品的导演必须把每一个镜头的时间精确到"秒"甚至"帧",同时,必须精确

地把握前后镜位置的动态衔接,必须把握每一个制作过程的实际完成效果。当所有的镜头制作完成、拍摄成胶片后,按分镜满头顺序连接就应该得到完整的片子,只有个别镜头剪掉几帧或加几帧、加个淡入淡出、叠画等转场特效。

所以,影视剧在进入后期制作以后,剪辑是一项非常重要的工作,而动画片剪辑的一大部分工作已经由导演在分镜头设计及制作阶段完成了。

动漫后期制作较少用到剪辑。首先,这是镜头制作方法不同导致的;其次,动漫镜头的制作需要严格按照分镜头规定的秒数,没有多少剪辑的余地。动漫的完成镜头只有一个。不像影视剧的镜头可能拍摄几条,最后导演或剪辑师可以选择其中的一个。动漫的镜头在原画、修型、动画各阶段会有几道检查,不满意的当时就改,不会进入下一道生产环节,到后期制作阶段不会看到同一个镜头的两个不同版本。

所以,动漫拍摄过程更加复杂,必须把工夫下在每个环节的把握上,如果有瑕疵,到后期制作的阶段再去修改,成本就太高了。

小贴士

帧和帧速率

帧:电影、电视及动画都是由一系列的单独图像组成的,按次序快速放映到观众面前的屏幕上,利用人眼视觉暂留效应形成连续运动的画面,视频中的每一个小画面就叫作一个帧。

帧速率:对影片内容而言,帧速率指每秒所显示的静止帧格数,单位为 fps。帧速率越高,视频的连贯动画效果越好。电影的帧速率为 24fps,PAL 制式电视系统的帧速率为 25fps,NTSC 制式电视系统的帧速率为 30fps。

二、计算机技术使动漫后期制作更加强大

运用计算机的后期制作使原本不可能的动漫画面修改出现了可能性。传统的动漫创作只要是需要修改画面,就一定少不了重新拍摄、冲洗胶片。但是,计算机后期制作则只需修改相应的参数,重新生成一遍就可以了,大幅度提高了动漫的制作效率。

彻底改变动漫后期编辑的概念,将"不可能"变成常规性生产流程的是"非线性编辑系统",非线性编辑系统把动漫作品看到最后效果的时间提前到了输出最终作品之前,而且还包括声音轨道。

有了非线性编辑系统,后期编辑在动画后期制作所起的作用完全不是以前的概念了。现在,后期编辑已经成为动漫生产程序中不可缺少的一个环节,甚至可以说是动漫制作的一个重要特色。

三、后期编辑已经成为必要的动漫生产环节

一部动漫作品的成功绝不仅仅靠动画技术,更重要的是片子的内容和结构。如何清楚、流畅地讲述故事,如何充分地表现情感,如何控制整体的节奏,如何调动观众的情绪,

这些都是导演需要重点把控的环节。而导演的动画专业技能和经验可以使他在分镜头设计中扬长避短，既可以充分发挥动画的优势，又能避开一些局限和不必要的难度。

导演直接参与和指导每一个制作环节，对保证片子的效果非常有利。但是，前提必须是保证在整体节奏、内容表达等方面做到了全面、充分的程度，否则，对技术细节的要求就只能是舍本逐末的行为。所以，在后期制作中，充分发挥后期编辑环节在艺术创作中的作用，也能在一定程度上减轻导演的前期压力，对整个片子的艺术创作和表现起到很好的协同、补充作用。

第三节　动漫后期合成与编辑阶段的主要工作内容

不同的动漫作品制作项目对后期编辑的流程要求也不一样，采用什么样的流程取决于制作的需要和目标，从总体上看，动漫后期合成与编辑主要分为以下几项工作内容。

一、检查

动画片制作中，每个环节都有检查的工序，原画有原检，动画有动检，上色有色检、背景检查、修型等，不过每个环节的检查都只能查单独的一个方面，检查时看不到画面的整体组合状况。所以生产环节中的每道检查一方面需要很强的专业素养，另一方面由于在效果上不直观，因此比较难把握，容易漏过错误。所以尽管有许多检查，到最后还是会出现不少错误。如果每个环节都出现一点问题，最后的成片就很可能漏洞百出。

因此进入后期编辑阶段的第一个任务就是检查，这时画面完成了最后的合成，播出完全实时，与观众看到的效果完全一样，所以这时检查非常直观，错误较为明显，对检查者的专业要求比较低，只要认真都能发现问题。

由于后期对画面的检查要比前面的各个生产环节的检查容易得多，再加上在计算机上的修改相对比较方便，所以后期检查在整个生产制作过程中能起到一个最终质量把握的作用。特别是在制作一些生产周期要求比较紧的片子时，前面各项生产、检查环节在比较大的生产负荷下，往往会加大错误率，这些就得靠后期的检查一一修改了。

后期检查的操作比较简单，只需将生成好的镜头，按照分镜的顺序排列，然后加上相应的对白，播放最终效果仔细比对和观看，发现错误。在一些动漫作品的制作中，后期检查还有一项重要工作就是对口型，即把镜头连起来，检查画面与预录的对白配合是否贴合。

经过后期检查工作，基本上可以看到一个比较完整、流畅的片子，可以进行初步剪辑了。

二、剪接

动漫制作在后期合成这个阶段的首要工作是剪接，也称剪辑，就是运用蒙太奇的手法,把制作完成的动漫素材拼接成完整的影片。拿传统商业动画片来说,理想的剪接前提条件为所有动漫镜头都制作完成,使得导演及剪接人员可以按照分镜头脚本进行剪接作业。剪接工作往往要花上很长的时间,但无论花多少时间都要尽可能一次定稿,这样可以为后面的配音配乐等后道工序提高效率、节约成本。

 小贴士

蒙　太　奇

蒙太奇(montage)在法语中是"剪接"的意思,但到了苏联它被发展成一种电影中镜头组合的理论。蒙太奇一般包括画面剪辑和画面合成两方面。画面剪辑:由许多画面或图样并列或叠化而成的一个统一图画作品;画面合成:制作这种组合方式的艺术或过程。

电影将一系列在不同地点,从不同距离和角度,以不同方法拍摄的镜头排列组合起来,叙述情节,刻画人物。但当不同的镜头组接在一起时,往往又会产生各个镜头单独存在时所不具有的含义。

导演的分镜头脚本是剪接最基本的依据和基础,已经完成的动漫镜头画面是素材,而剪接则是在这个基础上进行的再创作。到达后期编辑这一环节时,动漫已经形成了完整的画面,而这些画面是否达成了制作目的,整体节奏是否有不顺畅的地方,故事讲述是否有不清楚的地方,动作之间、镜头之间是否存在不流畅的问题,都是在这个环节通过剪接解决的问题。

剪接工作的基本过程和基本思维方式可以概括为从整体到局部再到细节,先对素材画面进行大致的粗剪,然后对各场次、段落分别加以整理,最后对镜头、动态等每一个细节进行调整,画面的取舍决定了最终呈现在屏幕上的动漫视觉效果。除此之外,剪接还要考虑配合音乐的起伏,控制片子的整体节奏和情绪变化。

三、数字合成特效制作

随着动漫制作技术的迅速发展和计算机技术的成熟,动漫后期合成与编辑又肩负起了一个非常重要的职责——特效镜头的制作,即通过直接拍摄无法得到的镜头。早期的影视特效大多是通过模型制作、特技摄影、光学合成等传统手段完成的,主要在拍摄阶段完成。

计算机的广泛使用为特效制作提供了更多更好的手段,也使许多过去必须使用模型和摄影手段完成的特效可以通过计算机制作完成,所以更多的特技效果就成了后期合成的工作,从而出现了数字影像合成技术。

数字影像合成技术,是对于传统合成技术而言的,主要运用先进计算机图像学的原理和方法,将多种源素材采集到计算机中,并用计算机将其混合成单一复合图像,然后输出到磁带或胶片上的一系列完整的处理过程。

随着计算机处理速度的提高以及计算机图像理论的发展,数字合成技术得到了日益广泛的运用。影视艺术工作者在使用计算机进行合成操作的过程中强烈地感受到数字合成技术极大的便利性和手段的多样性,合成作品的效果比传统合成技术更为精美,更加不可思议,成为推动数字合成技术发展的巨大动力。

之所以进行数字影像合成,是因为许多特效镜头无法直接拍摄得到。而特效镜头无法拍摄的原因有以下两种:一种是拍摄对象或环境在现实生活中根本不存在,或者即使存在也不可能拍摄到,比如猛犸象,或是星际旅行;另一种是拍摄的对象和环境虽然实际存在,但无法同时出现在同一个画面中,比如,影片的主人公从剧烈的爆炸中逃生。

对于现实生活中不存在的镜头,必须利用其他的东西来模仿拍摄对象,常用的手段包括制作模型、通过真人演员化妆来模仿其他生物以及制作计算机三维动画。实际上,计算机三维动画也是一种模型,只不过它是存在于计算机中的虚拟模型而已。

总之,要解决这类问题,需要找到创新思路,运用最先进的技术,同时也需要创作人员丰富的想象力。但这些手段一般只解决了问题的一部分,这些模型、三维动画等元素有时也不能同时出现在一个画面中,这样就出现了前述的第二种困难。

对于拍摄对象和环境无法同时出现的困难,解决的办法就是影像合成。既然拍摄的对象和环境都是存在的,就可以单独拍摄它们,然后再把分别拍摄的这些画面通过后期技术合成到一个画面中,让观众以为这是真实拍摄的结果。这种技术可以创作出荧屏上的奇迹,既真实可信,又具有很强的视觉冲击力,给观众极大的震撼感官刺激。

早期的影像合成技术主要是在胶片、磁带的拍摄过程以及胶片洗印过程中完成的,相比计算机制作技术虽然较为落后,但效果也是非常不错,取得了不凡的成就。但数字合成技术的发展迅速使这些手段相形见绌,在近年来不断推动的特技电影中,数字合成的电影类型迅速发展,并带动了整个电影行业的发展。

数字影像合成技术可以对画面进行大量的合成、修饰和美化,可以说是一种锦上添花的手段。数字合成的首要要求不是真实感,而是纯粹的审美和形式感,从影像合成的技术手段来说,与仿真的合成没有太大的区别。计算机技术的参与让后期合成具有了更多的可能性,极大激发了动漫创作者的积极性。

除了画面的合成外,动漫后期制作还普遍采用各种视频特效,下面列举几个视频编辑软件中常用的视频特效。

(一)调校颜色

校色是动漫后期特效制作最基本也是最重要的功能之一。合成前常常需要对前景和背景画面进行校色,以便保持色调的统一。很多时候即使没有特效镜头,也不需要进行合成,但为了使画面色彩更加漂亮或具有特殊寓意,导演也会要求对镜头进行校色。

(二)几何变换

几何变换修改的不是像素的颜色值,而是移动像素在画面上的位置。最基本的几何变换是在平面上对画面进行平移、旋转、缩放和镜像。复杂一些的几何变换是在三维空间对画面几何位置进行变换。最为复杂的几何变换是在数字编辑中经常用到的变形扭曲,以及在此基础上的渐变。

（三）滤镜插件

滤镜是对画面一定范围内相邻的像素进行计算得出新的像素值。滤镜的种类繁多，平面设计软件 Photoshop 中就内置了许多滤镜，同时还可以通过第三方扩展新的滤镜，用途十分广泛，能够实现的功能也千奇百怪。同样，在 After Effect、Premiere Pro 中的影像素材也可以通过滤镜实现各种动态影像效果。滤镜对画面艺术效果的提升是非常显著的。

（四）抠像

抠像也叫通道提取，是随着数字技术的进步而实现的重要功能。蓝屏幕技术是提取通道最主要的手段。它是在拍摄人物或其他前景内容时，利用色度的区别把单色背景去掉，换成其他背景图片或视频，所以蓝屏幕技术有个学名叫色度键。数字合成软件允许用户指定一个颜色范围，颜色在这个范围之内的像素被当作背景，范围之外的像素作为前景。

在抠像操作中，首要的原则就是前景物体上不能包含所选用的背景颜色，专业软件一般还允许做出一定范围内的半透明效果，使得不同层视频之间的过渡显得不太生硬，从而更好地融合。

从原理上讲，只要背景所用的颜色在前景画面中不存在，用任何颜色做背景都可以。但实际上，最常用的是蓝背景和绿背景两种。原因在于，人身体的自然颜色中不包含这两种色彩，用它们做背景不会和人物混在一起。同时，这两种颜色是 RGB 系统中的原色，比较方便处理。我国一般用蓝背景，在欧美国家绿屏幕和蓝屏幕都经常使用，尤其在拍摄人物时常用绿屏幕，因为很多欧美人的眼睛是蓝色的，如果用蓝屏容易产生穿帮现象。

🔲 小贴士

蓝屏抠像素材拍摄的原则

为了便于后期制作时提取通道，进行蓝屏拍摄时，有以下问题要考虑。

首先是前景物体上不能包含所选用的背景颜色，其次是背景颜色必须一致，光照均匀，要尽可能避免背景或光照深浅不一，有时当背景尺寸很大时，需要用很多块布或板拼接而成。总之，前期拍摄时考虑得越周密，后期制作越方便，效果也越好。

四、声音制作阶段

剪接和数字合成特效制作完成后就可以进入声音制作阶段了，这一阶段大约分成人物配音、音乐及音效两个部分。

给动漫人物配音并不是一件简单的事，需要配音演员深刻理解剧中人物鲜活的性格，对于塑造人物形象，推动剧情发展起举足轻重的作用。优秀的配音演员凭借成熟的演技和丰富的经验，可能试音一次就能正式录音，有的配音演员本来就是资深影视演员。出于影响票房的因素，诸多圈外明星也时常参与其中。演技不够成熟的配音演员就可能要试音许多次才能录到想要的效果。

除了人物配音之外,音效及主题音乐也是另外一个吸引观众观赏的重要原因。商业动漫片的音乐多半请专业的作曲家制作。音乐的制作规模视预算而定,大规模的可能请到有名的音乐家和交响乐团来演奏主题曲,小规模的可小到一人用计算机混音完成。

动漫的另一项重要收入为原声 CD 的销售,如果请颇具人气的流行歌手演唱主题曲,可以吸引歌迷群体,后期为推广动漫作品而组成的推广团体也可以借此带动活动的活跃气氛。

后期的音效又分为人造声音、环境声音、生音三种。人造声音是指需要音效师自己创造的原创音效,如现实中并不存在的恐龙的叫声;环境声音是指每一场景在人物周围的声音,如城市嘈杂的背景声音;生音是由画面人物动作所产生的声音,如脚步声、敲门声。

五、完成片审查

对完成片的最后审查具有两方面作用,一是对片子的最后一次检查,二是中间创作环节首次以成片的方式看到完整的工作成果,这是一次对中间创作环节总结、提升的好机会。

在制作一些长度短、精度要求高的片子时,导演有足够的时间和精力与后期编辑进行交流和沟通,甚至可以经常与后期编辑一起进行剪辑工作,随时参与自己的意见。在后期编辑工作完成后,导演也就没有再一次检查的必要。

但是在制作长篇动漫时,特别是在一些规模比较大、专业分工比较细的制作公司中,一般是由后期编辑人员独立完成剪辑工作,因此在编辑完成后,导演有必要做最后的检查。只有在最后的完成片审查时,所有创作人员才有机会看到片子最后的模样,看到各自那个部分的工作在完成片中是怎样的效果,同时通过对最终效果的总结,提升所有创作人员的制作水平。

以上所描述的这种从影像剪接、视频特效、声音制作等方面进行的动漫后期制作,广义上都属于动漫后期合成与编辑的范畴。从第二章开始,我们将重点为大家介绍影视后期编辑技巧及其在动漫制作中的运用。

思考与练习

1. 动漫中期绘制的流程有哪些?
2. 常见的数字合成特效有哪些?
3. 动漫的声音制作包括哪几种类型?

第二章

数字非线性编辑基础

学习目标

(1) 熟悉非线性编辑系统的概念和组成；

(2) 了解几个国内主流的非线性编辑系统的特色；

(3) 掌握非线性编辑的基本概念。

引言

本章概述数字非线性编辑的发展历程和主要特点，以及非线性编辑软件 Premiere Pro CS6 的主要功能；介绍动漫后期非线性编辑工作站的硬件基础，从运动感觉的获得、电视制式、模拟与数字、SMPTE 时码及压缩等方面介绍数字动漫制作的基本概念。

第一节 数字非线性编辑概述

一、非线性编辑系统的概念

非线性编辑这个名称是为了区别传统的线性编辑而产生的。传统的电影剪接过程是非线性的，即首先将拍摄好的底片经过冲洗得到一套工作样片，然后以单格画面为精度单位随时剪开、重新粘贴成一个新的时间序列，在剪辑过程中可以方便地在所有的胶片画面间跳转，但是所有转换效果的制作，以及画面色彩的调整都需要在冲印过程中完成。

传统电视后期制作则是线性的，其编辑系统由一组放像机和录像机构成，是一个把连续磁带存储的视频、音频信号，以时间顺序进行编辑的过程。剪辑师通过放像机选择一段适合的素材，然后把它记录到录像机中的磁带上，最后再寻找下一个镜头。

由于磁带记录画面是顺序的，无法在已有的画面之间插入一个镜头，也无法删除一个镜头，除非把其之后的画面全部重新录制一遍。而动漫的后期编辑和电影一样，也是非线性的，是指以单帧画面为精度单位对动漫作品进行剪接的过程。

1970 年美国出现了世界上第一套非线性编辑系统（Non-linear Editing System，NLE），此后，随着计算机图像技术、数字视频与音频技术和多媒体技术的不断进步，出现了数字非线性编辑（Digital Non-Linear Editing），如图 2-1 所示。它与传统非线性编辑系统相比最大的区别是对数字硬盘、磁带和光盘等介质存储的数字化视音频信息进行剪辑。

非线性编辑系统的特点是信息存储的位置是并列平行的,与接收信息的先后顺序无关,可以对存储在硬盘(或其他介质)上的数字化视频、音频素材进行随意的排列组合。基于上述特点的非线性编辑系统在动漫后期、影视编辑、广告制作等领域得到广泛的运用。

二、非线性编辑系统的组成

图 2-1 数字非线性编辑设备

随着全高清电视的普及以及 4K 电视的发展,视频制作的文件尺寸不断加大,对非线性编辑系统的要求也越来越高,更快的处理速度,更大的数据吞吐量成为需求。

数字非线性编辑系统主要由计算机平台、视频、音频输入输出设备、显示器和监视器、数据硬盘几部分构成,如图 2-2 所示。

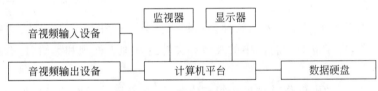

图 2-2 非线性编辑系统结构

我们可以从硬件和软件分析非线性系统的结构。

(一) 硬件部分

1. 计算机平台

非线性编辑系统是基于计算机平台的,因此计算机的发展大大影响非线性编辑的进程。目前计算机市场的争夺主要在苹果的 MAC 和 PC 之间进行,基于 MAC 平台的系统在非线性编辑发展的早期应用得比较广泛;基于 PC 平台的系统则以 Intel 及其兼容芯片为核心,型号丰富,性价比高,装机量大,发展速度也非常快,是当今的主导型系统。

除此之外,也有一些非线性产品采用 SGI 工作站这样的高档计算机为平台,性能好,但价格昂贵。随着计算机主频速度的不断提升,总线技术和显示技术的大幅进步,PC 在非线性编辑领域的应用逐渐成熟。现在配置较高的家庭计算机可以流畅地用于全高清视频的非线性编辑,这给许多视频制作爱好者提供了方便。

2. 硬盘

硬盘是非线性编辑系统中最重要的存储设备,它的容量和性能是系统性能的关键所在,因此必须拥有尽可能大的容量和优质的性能。硬盘有 SCSI 和 IDE 硬盘之分,SCSI 硬盘转速高、带有缓存、数据传输快、占用资源小,但价格昂贵,因此建议使用 IDE 硬盘阵列,一般用两个或两个以上相同容量的硬盘做成 RAID-0 方式(代表了所有 RAID 级别中最高的存储性能），达到最优的性价比。

3. 非线性编辑板卡

非线性编辑板卡是整个非线性编辑系统的核心和基石，其他软硬件都是对非线性编辑板卡强大功能的辅助与发挥。它集视频采集、压缩与解压缩、视音频回放、实时特技等各种功能于一身，替代原来线性编辑中的多台录像机、编辑机、特技机、调音台和字幕机等设备，轻易地完成图像、图形、声音、特技、字幕和动画等工作，并提供专业级的小压缩比以采集分辨率极高的视频图像，支持多通道实时编辑，处理速度极快，配合功能强大的非线性编辑软件能够让我们随心所欲地制作出效果专业的影片。

4. 外围设备

外围设备主要由录放像机、光驱、光盘刻录机等音视频设备组成。

（二）软件部分

非线性编辑系统软件是厂商针对硬件特点而开发的，属于专用编辑软件，可以直接调用非线性卡内数字特技模块而形成实时特技或短时间的生成特技，从而大大加快了节目的编辑速度，同时也可以直接驱动非线性编辑卡对素材进行上传和下载，是用户完成一般编辑的主要手段。

非线性编辑系统生产商以外的软件公司提供的软件属于第三方软件，这些软件与非线性编辑卡无关，但可以对素材库中的视音频文件进行加工处理和编辑，适合在任何一台计算机上运行。

许多图形图像、动画创作软件属于第三方软件，与专用非线性编辑软件处于同一个操作系统上，拥有相同的文件数据格式，相互之间具有良好的融合性。通过这些功能强大的软件制作的视觉效果可以用出神入化形容。

目前，比较常用的第三方软件有 Adobe 出品的 Premiere、日本 Canopus 公司出品的 EDIUS 等，如图 2-3 所示。

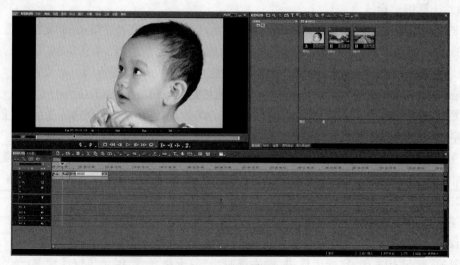

图 2-3 EDIUS 编辑界面

第二节　国内主流非线性编辑系统介绍

一、大洋

中科大洋成立于 1989 年,是中国广电行业知名的专业解决方案提供商和服务商。大洋公司的产品一直被许多电视台和影视制作公司所采用。大洋公司在后期编辑领域最新的产品是 D3-Edit 4K 超高清后期制作系统,该系统内置了丰富的视频特技,包括二维 DVE、跟踪、颜色校正、视频风格化、三维画笔和 3D 模型转场等;能够支持高达 4096×2160 的 4K 超高清分辨率;系统提供采集、转码、剪辑、监看、输出全流程的 4K 原生后期制作支持,64 位软件架构;配合大洋 RedBridge 4K 采集卡,支持 2K 和 4K SDI 与 HDMI 上监回放;高速外置磁盘阵列可以提供高达 1.5GB/s 的读写速度。

二、索贝

成都索贝数码科技股份有限公司,成立于 1997 年,是国内广播电视行业规模较大的软件开发企业,也是国内少数能够提供总体解决方案的专业设计和咨询的服务商。索贝数码致力于广播电视多媒体技术的研究和开发,产品涵盖了专业电视节目制作领域的采、编、播、存、管等全部核心业务环节。

索贝的非线性编辑系统已经开发到了第五代,第五代非线性编辑软件平台界面采用扁平化设计,依托第四代核心引擎、自主研发的智能播放引擎和智能渲染引擎,极大提高编辑速度和渲染效率;支持从各种广电专业格式到各种格式各种分辨率的网络流媒体,支持从 2K 高清到 4K 数字电影等各种视频媒体的编辑能力,实现了对全制式、全格式的完美支持。

索贝 E7 高标清一体化编辑平台,全新构筑在高性能的高标清非线性图文视频编辑引擎之上,侧重于灵活丰富的节目编辑效果,同时具备节目复杂合成能力,适应于广电级后期编辑设备的各级专业领域,如图 2-4 所示。

三、新奥特

新奥特(北京)视频技术有限公司(China Digital Video (Beijing) Limited)拥有 20 余年的数字媒体领域研发、生产及运营历史,是国内著名的数字媒体技术厂商。

新奥特公司产品包括图文创作系统、非线性编辑系统、网络制播系统、虚拟演播系统等,此外还提供包括广播电视台内网络、采集收录、新闻制播、集群演播系统、媒体资产管理、新媒体应用、媒体发布运营、体育转播服务、国际广播中心(IBC)构建与运维在内的各类专业数字媒体内容制作及运营解决方案与技术服务。

新奥特公司生产的 Himalaya 系列高、标清非线性编辑系统是一个功能强大的编辑

图 2-4　索贝 E7 高标清一体化编辑平台

平台,集上载、剪辑、专业调色、字幕、视频特效、3D 编辑、杜比音频编辑、4K 视频编辑功能于一体,全面支持高、标清多格式实时混合编辑,以及 3D 节目的全流程制作,并提供丰富的产品系列,适应于各行业的后期制作需求。

平台拥有 64 位处理能力,更容易处理更复杂的编解码、更大幅的画面,实现快速剪辑,每一步操作都即时呈现效果;支持全格式、全制式输出;配套专业调色系统:可实现针对单个视频素材及非编工程文件的校色机调色;可实现与第三方创作产品和视频服务器的深度耦合,从而对节目制作流程进行大幅度优化,提高节目制作效率,并通过减少转码、视音频输出环节,确保节目质量不受任何影响。

第三节　非线性编辑的基本概念

在进行后期编辑之前,首先要了解一些非线性编辑的基本概念。

一、视频播放的原理

人眼在观察景物时,光信号传入大脑神经,需经过一段短暂的时间,光的作用结束后,视觉形象并不立即消失,人眼仍能继续保留其影像 0.1~0.4s 的时间,这种残留的视觉称"后像",视觉的这一现象则被称为"视觉暂留"。

影视和动漫制作就是依据视觉暂留的原理,要求在每一秒内播放一定数量的画面信息,利用人眼的视觉暂留特性产生运动画面的感觉,如图 2-5 所示。

图 2-5 人物奔跑动作分解

要产生连续运动的视频效果,就要通过连续快速播放一系列的画面获得,其中每一幅画面就叫作一个帧,而每秒刷新图片的帧数就是帧速率。在 PAL 制式的视频信号中,帧速率为 25fps;在 NTSC 制式的视频信号中,帧速率为 30fps。当达到以上的帧速率时,便可以获得连续平滑的运动画面效果。

二、像素及分辨率

像素中文全称为图像元素,像素是构成数码影像的基本单元。当我们把数码照片放大后会发现,照片是由一个个不同颜色和亮度的点组成的,每一个点就是一个像素。而分辨率则是像素密度的数字表达,通常以像素每英寸 PPI 为单位表示影像分辨率的大小。例如,300×300PPI 分辨率,即表示水平方向与垂直方向上每英寸长度上的像素数都是300,也可表示为一平方英寸内有 9 万像素。分辨率越高,所显示的影像就越精细。

同样,视频中的每一帧画面也是由纵横矩阵排列的像素点构成,在 PAL 制式的视频信号中,每帧画面由 625 个扫描行构成;在 NTSC 制式的视频信号中,每帧画面由 525 个扫描行构成。图片放大后可见像素,如图 2-6 所示。

图 2-6 图片放大后可见像素

三、电视制式

电视制式是用来实现电视图像信号和伴音信号，或其他信号传输的方法，和电视图像的显示格式，以及这种方法和电视图像显示格式所采用的技术标准。电视制式决定了视频、音频信息的传输、存储等方式。目前世界上常见的电视制式包括 NTSC 制式、PAL 制式、SECAM 制式三种。下面分别对这 3 种彩色电视制式进行详细的介绍。

（一）NTSC 制式

NTSC 制式又称为恩制，是美国在 1953 年 12 月首先研制成功的，并以美国国家电视系统委员会（National Television System Committee）的缩写命名，目前主要被美国和日本采用。这种制式的色度信号调制特点为平衡正交调幅制，即包括平衡调制和正交调制两种，虽然解决了彩色电视和黑白电视相互兼容的问题，但是存在色彩不太稳定的缺点。

NTSC 制式电视的供电频率为 60Hz，场频为每秒 60 场，帧频为每秒 30 帧，扫描线为 525 行，图像信号带宽为 6.2MHz。

（二）PAL 制式

PAL 制式又称为帕尔制，是在 1962 年由联邦德国在综合 NTSC 制式的技术成就基础上研制的一种改进方案，中国和欧洲大多数国家都采用这一制式。PAL 制式是英文 Phase Alteration Line 的缩写，意思是逐行倒相，也属于同时制。它对同时传送的两个色差信号中的一个色差信号采用逐行倒相，另一个色差信号进行正交调制方式。

这样，如果在信号传输过程中发生相位失真，则会由于相邻两行信号的相位相反起到互相补偿作用，从而有效地克服因相位失真而引起的色彩变化。PAL 制式电视的供电频率为 50Hz，场频为每秒 50 场，帧频为每秒 25 帧，扫描线为 625 行，图像信号带宽分别为 4.2MHz、5.5MHz 和 5.6MHz。单帧图像的质量要比 NTSC 制式高。

（三）SECAM 制式

SECAM 制式又称为塞康制，它是法文 Sequentiel Couleur A Memoire 的缩写，意思为"按顺序传送彩色与存储"，是法国在 1966 年研制成功的，属于同时顺序制。在信号传输过程中，亮度信号每行都传送，而两个色差信号则是逐行依次传送，即用行错开传输时间的办法避免同时传输时所产生的串色及由此造成的彩色失真。SECAM 制式主要在法国和俄罗斯等国家应用。

四、模拟与数字

不论 PAL 视频制式还是 NTSC 视频制式，都采用的是模拟信号方式。模拟信号利用电流的连续强弱变化记录视频信息，而数字视频信号采用 0、1 二进制编码模式记录信息，如果将模拟信号输入计算机中进行非线性编辑，首先将模拟信号转变为数字信号，这一过程称为模数转换。

表示电流强弱的模拟波形在时间上是连续的，为了将模拟信号转换为数字信号，要将连续的波形转换为在时间上离散分布的一些数据点，从而将连续的曲线转化为由点构成的虚线，这样模拟信号就变成了数字视频，方便进入非线性系统进行后期编辑。模数转换一般是配合视频采集卡完成的。

小贴士

国际主流的数字电视制式

1. ATV

美国把数字高清晰度电视（HDTV）称为先进电视 ATV（Advanced Television）。1988 年 9 月美国联邦通信委员会 FCC（Federal Communications Commission）提出，新一代数字电视必须与现有的 NTSC 接收机有尽可能的兼容性，且不能打乱现有的电视频道的划分。

2. DVB

欧洲于 1993 年 9 月成立 DVB（Digital Video Broadcasting），即数字电视广播项目，于 1994 年 12 月起先后制定出 DVB-S（卫星数字电视）、DVB-C（有线数字电视）、DVB-T（地面数字电视）标准，即欧洲的全数字电视系统包括地面广播、卫星传送、有线电视传输三大主要标准体系。

3. ISDB

日本在 1983 年开始研究综合业务数字广播标准 ISDB（Integrated Services Digital Broadcasting）。1999 年制定了 ISDB-T 地面综合业务数字广播标准，在调制方面 ISDB-T 与 DVB-T 一样选择了多载波调制，但又有所改进。

五、SMPTE 时码

为了精确指定视频素材片段的长度，以及单帧画面所在的时间位置，以便在剪辑和回放过程中精确指定时间，需要用特定的时间代码为每一个帧画面进行编号。时间代码的国际标准为 SMPTE 时码，其表示方式为 h：m：s：f，即小时：分钟：秒：帧数。一个时码长度为 00：08：40：15 的素材片段总的回放时间为 8 分钟 40.5 秒。

对于 NTSC 制式的视频信息，由于彩色视频信号的技术原因，通常采用 29.97fps 的帧速率，而非黑白视频信号的 30fps 的帧速率，造成实际播放时间与实际测量时间有 0.1% 的误差，所以对于 NTSC 制式的视频信号还可以分为非掉帧时码和掉帧时码两种模式。

非掉帧时码忽略 0.1% 的误差，所以时码计数不精确；掉帧时码在每分钟自动忽略两帧画面，并在每 10 分钟的时间内进行 9 次掉帧计算，可以获得比较精确的时码计数。对于 PAL 制式来说，由于采用 25fps 的帧速率就不存在是否进行掉帧计算的问题。

思考与练习

1. 线性编辑系统和非线性编辑系统的区别是什么？
2. 非线性编辑系统由哪几部分组成？
3. 像素和分辨率的概念是什么？
4. 世界上常见的电视制式有哪些？

第三章

Premiere Pro 概述

学习目标

（1）了解视频编辑软件 Premiere Pro；

（2）掌握 Premiere Pro 项目的建立与保存；

（3）熟悉 Premiere Pro 的界面导航。

引言

Premiere Pro 是 Adobe 公司出品的一款基于非线性编辑设备的视音频编辑软件。作为功能强大的多媒体视频、音频编辑软件，被广泛应用于电视台、广告制作、电影剪辑等领域。它可以在各种平台下和硬件配合使用，是 PC 和 MAC 平台上应用最为广泛的视频编辑软件。

Premiere Pro 作为全球著名的影视制作软件，提供了更强大、更高效的增强功能和先进的专业工具，包括尖端的色彩修正、强大的音频控制和多个嵌套的时间轴，并专门针对多处理器和超线程进行了优化，提供一个能够自由渲染的编辑体验，深受业内人士的喜爱。

同时，Premiere Pro 也兼顾了广大视频用户的不同需求，作为一个并不昂贵的视频编辑工具，提供了前所未有的生产能力、控制能力和灵活性，并以其相对简单的操作性成为视频爱好者使用最多的视频编辑软件之一。

第一节 Premiere Pro CS6 项目的建立与保存

在进入 Premiere Pro CS6 的操作界面之前，用户会先看到 Premiere Pro 的欢迎界面。很多人对于此处项目参数的设置感到束手无策。下面先学习在 Premiere Pro 的欢迎界面内如何进行新项目的建立及保存，这些基本操作对后期的制作至关重要。

在系统已经安装了 Premiere Pro CS6 的情况下，用户可以通过双击桌面图标或者选择菜单命令打开软件。软件启动后会出现欢迎界面，如图 3-1 所示。

在欢迎界面内用户会看到三个选项：New Project（新建项目）、Open Project（打开项目）和 Help（帮助）。用户可以新建一个新的项目或者打开一个已有项目。

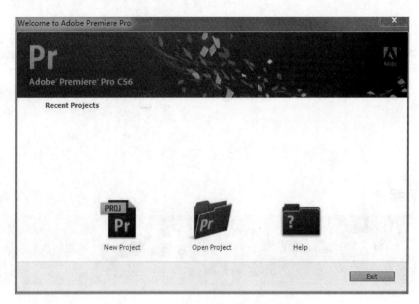

图 3-1　Premiere Pro CS6 欢迎界面

一、新建项目

当用户选择 New Project 图标时会弹出 New Project(新建项目)的对话框,如图 3-2 所示。

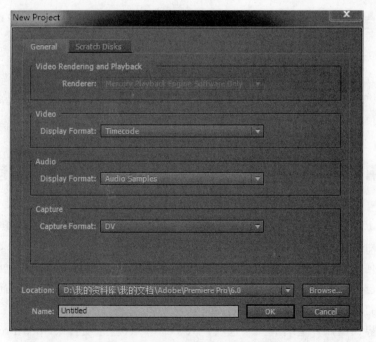

图 3-2　New Project(新建项目)对话框

用户可以对其中"常规"选项卡中的视频、音频的编辑方法、采集方式以及存储路径和命名进行设置。默认情况下视频和音频的显示格式为 Timecode(时间码)和 Audio Samples(音频采样),采集格式默认为 DV 方式,多数情况下对以上参数只需要保持默认即可。

接下来要对存储路径及命名进行设置,在 Location(位置)处已经存在一个软件提供的默认路径,用户可以单击 Browse(浏览)按钮来更改项目的存放路径,在 Name(名称)处设置项目名称,然后单击 OK 按钮就会弹出 New Sequence(新建序列)对话框,如图 3-3 所示。

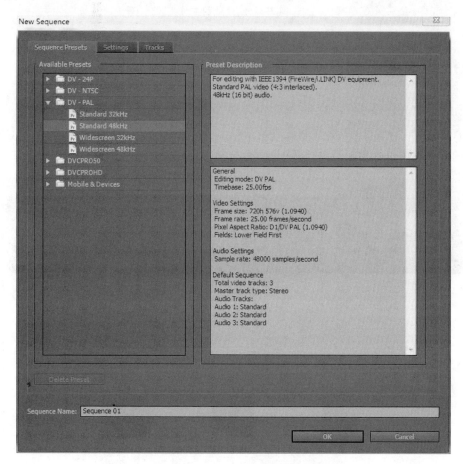

图 3-3　New Sequence(新建序列)对话框

在 Sequence Presets(序列预设)对项目文件的序列进行预设,不同的应用需要选择不同的预设,用户根据需要选择有效预设。常用预设为 DV-PAL 制和 DV-NTSC 制,我国采用的是 DV-PAL 制。

一般而言,新建项目时多数选择 DV-PAL 制下的 Standard 48kHz,此时 Preset Description(预设描述)选项区域内就会显示出相应的项目信息。单击 OK 按钮就可以创建一个新的项目文件。

如果 Premiere Pro 已经打开,用户也可以利用菜单命令来新建项目文件,在 File(文件)菜单下选择 New(新建)内的 Project(项目),如图 3-4 所示,快捷键为 Ctrl＋Alt＋N。

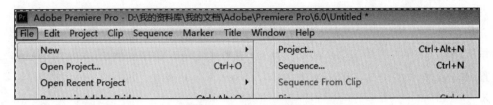

图 3-4　新建项目文件

二、打开已有项目

如果想打开已经存在的项目,有以下几种方法。

首先启动 Premiere Pro,在欢迎界面选择 Open Project(打开项目),如图 3-5 所示,在弹出的对话框内选择需要打开的项目文件,选择"打开"即可打开已存在的项目文件。

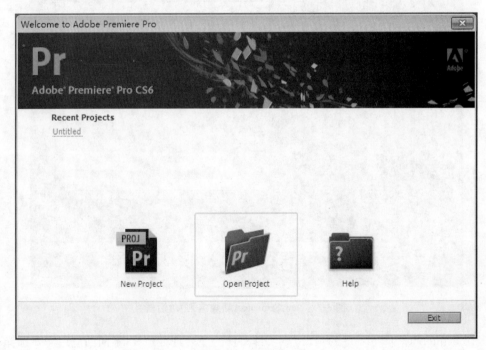

图 3-5　打开项目

或者如果文件是最近编辑的,也可以选择欢迎界面的 Recent Projects(最近使用项目)来打开最近保存的项目文件,如图 3-6 所示。

用户还可以利用菜单命令打开已有文件:选择 File(文件)菜单下的 Open Project(打

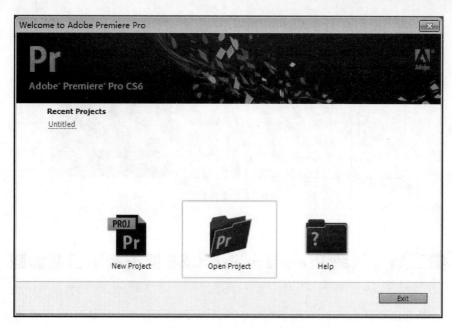

图 3-6　打开最近使用项目

开项目)选项,快捷键为 Ctrl+O。或者利用菜单命令下的 Open Recent Project(打开最近使用项目)打开项目,如图 3-7 所示。

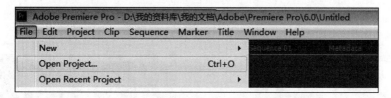

图 3-7　用菜单打开最近使用项目

三、保存项目文件

当编辑完成项目文件之后,就应该对已做完的项目进行保存,这是文件编辑的重要环节。在启动 Premiere Pro 时,系统会提示先保存一个设置参数的项目,所以,在需要保存文件时,只需直接选择 File(文件)菜单中的 Save(存储)即可,快捷键为 Ctrl+S,系统也会隔一段时间自动保存一次项目。

此外,也可以将项目存储在另外的路径或存储副本。选择 File(文件)菜单中的 Save As(存储为),快捷键为 Ctrl+Shift+S,在 Save As 的选项下拉列表中选择存储路径,在 Name 选项中填写文件名,单击 Save 按钮即可另存项目文件。存储副本的方法同另存一样,如图 3-8 所示。

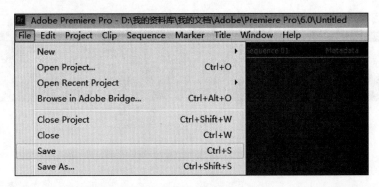

图 3-8　保存项目

第二节　了解 Premiere Pro CS6 的主要窗口和面板

　　建立新项目或者打开已有项目后,可以看见 Premiere Pro CS6 的操作界面。在进行文件的编辑之前,对软件的基本工作界面进行了解,熟悉各窗口及面板的功能很有必要,熟悉工作页面可以提高工作效率。那么下面就针对各个操作面板及命令进行讲解。

　　第一节介绍了如何新建、打开和保存项目,那么在新建一个项目之后,用户会看到以下界面,如图 3-9 所示。

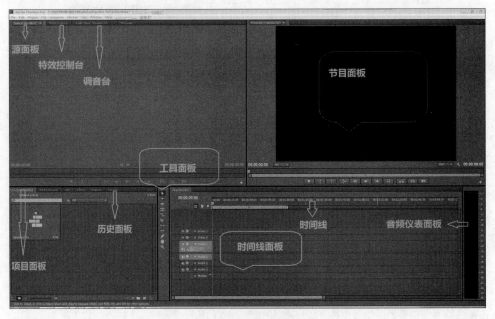

图 3-9　Premiere Pro CS6 基本工作界面

一、Monitor 监视器面板

首先观察操作界面的上方,这一部分称为监视器面板,监视器面板不仅可以在工作时给预览视频提供便利,还可以即时查看编辑后的视频效果。监视器面板包含两个部分:源面板和节目面板,如图 3-10 所示。

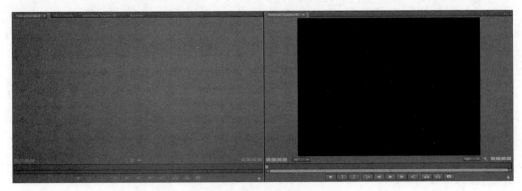

图 3-10　监视器面板

不难发现,这两个面板十分相似。事实上,源面板是用户查看导入素材的第一步。而节目面板显示的是时间线中的所有视频、音频节目编辑的最终效果。下面以节目面板为例认识监视器面板上的各个图标的功能,如图 3-11 所示。

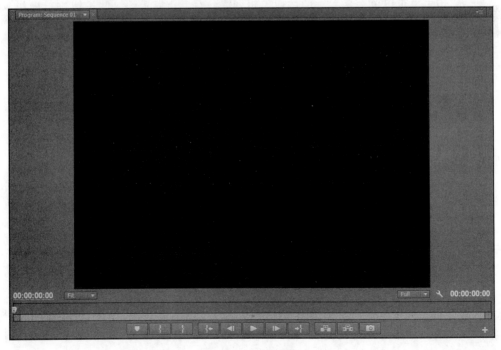

图 3-11　节目面板

节目面板最下方的有一排按钮,如图 3-12 所示。

图 3-12　节目面板的按钮

下面从左至右依次介绍节目面板的按钮。

添加标记:设置文件片段未编号标记。

标记入点:记录当前片段的起始点。

标记出点:记录当前片段的结束点。

跳转至入点:可以将时间标记迅速移至起始点位置。

逐帧退:逐帧倒播,每单击一次,播放就会退一帧,按住 Shift 键+此按钮每次退后 5 帧。

播放/停止:控制编辑文件的开始/停止播放。

逐帧进:对应上面说的逐帧退,每单击一次,播放就会前进一帧,按住 Shift 键+此按钮每次前进 5 帧。

跳转至出点:对应上面跳转至出点,将时间标记迅速移至结束点位置。

提升:将轨道上入点与出点间的内容删除,删除后仍保留空间。

提取:功能同"提升",但是删除后不保留空间,后面的素材会自动连接当前的素材。

单帧导出:可以导出一帧正在编辑的视频画面。

此外,用户也可以单击最右方的按钮编辑器 ,对里边显示的一些按钮进行操作,如图 3-13 所示。

图 3-13　按钮编辑器

二、Project 项目面板

项目面板主要用来导入、存放和管理素材,素材可以依据名称、标签、持续时间、素材出点和入点等具体信息来排列显示,显示方式有两种,列表显示或缩略图显示,如图 3-14 和图 3-15 所示,也可以为素材重命名。

在项目窗口的最下边有一排工具,如图 3-16 所示。

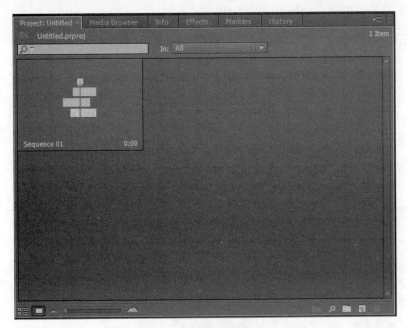

图 3-14　项目面板列表显示

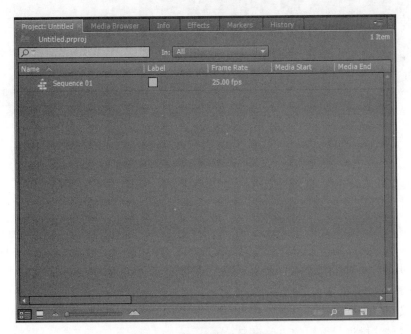

图 3-15　项目面板缩略图显示

图 3-16　项目面板按钮

下面从左至右依次介绍项目面板按钮。

自动匹配顺序：可以将素材自动调整到时间线。

搜索：可以按提示快速查找素材。

新建文件夹：可以建立新的文件夹，从而更方便清晰地管理素材。

新建分类：分类文件中包含多项不同素材的名称文件，可以为素材添加分类，以便更有序地管理素材。

清除：可以选择不需要的文件进行清理。

素材列表形式排列视图和素材缩略图式排列视图的切换可以单击项目面板右上角的按钮，在弹出的对话框中选择 List/Icon，如图 3-17 所示，或使用快捷键 Ctrl＋PageUp。

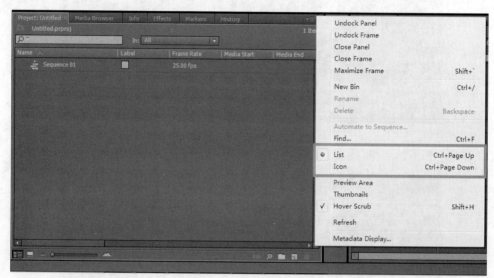

图 3-17　素材表现形式操作

三、Timeline 时间线面板

时间线面板是整个软件的核心部分，用户编辑素材的大部分工作都是在时间线面板中完成的。在时间线面板中，用户可以轻松实现对素材的剪辑、插入、复制、粘贴、修整等操作。还可以按照时间顺序来排列和连接各种视频或音频素材，进行剪辑片段、叠加图层、设置关键帧和叠加字幕等操作。

时间线面板主要由视频轨道、音频轨道和一些工具按钮组成，如图 3-18 所示。这一窗口是对素材片段进行编辑的主要窗口。

四、Tool 工具面板

工具面板如图 3-19 所示，有各种常用的操作工具，主要用来对时间线中的音频、视频进行编辑。下面就分别对这些工具的用途做一些简单的介绍。

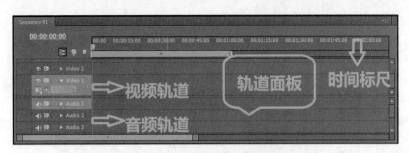

图 3-18　时间线面板

各图标从上至下依次如下(图 3-19)。

选择工具,用于选择目标素材,选择该工具后再单击需选择的对象即可选中,主要用于素材的选择、移动及关键帧的设置等一系列操作,是最常用的工具之一。

轨道选择,用来选择一个轨道上的所有片段,按住 Shift 可对多轨道进行选择和移动。

波纹编辑,用来拖动片段出点,改变片段长度,相邻片段长度不变,总的持续时间长度改变。

图 3-19　工具面板

旋转编辑,用来增加特定片段的帧数,但相邻片段的帧数会减少,总的持续时间长度不变。

速率伸缩,可以对素材进行速度调整,改变素材长度。

剃刀工具,用来分割素材,选择该工具后可以将视频分成两段。

传递编辑,可以改变一段素材开始和结束帧,总长度保持不变且不会影响相邻的素材。

滑动工具,时间线总长不变,被选择素材长度也不变。但是会改变相邻素材片段的出入点和长度。

钢笔工具,用于时间线的关键帧标点,设置素材的透明度、音频的高低及音频和视频的渐变等,可以有效地划分区域。

手形工具,用来移动 Timeline 窗口中的片段。

缩放工具,用来放大和缩小时间线的显示比例,选择该工具会放大比例,按住 Alt 可以缩小比例。

五、Effects 效果面板

效果面板中包含 Premiere Pro CS6 自带的音频、视频特效,如图 3-20 所示。

通过应用这些效果可以调节素材的音频和视频的特殊效果显示。这些效果按照功能

图 3-20　效果面板

可以分为 5 大类,包括 Presets(预置特效)、Audio Effects(音频特效)、Audio Transitions
(音频切换效果)、Video Effects(视频特效)以及 Video Transitions(视频切换效果)。每
一大类又按照不同效果分为很多小类,用户安装的第三方特效插件也在这里显示。

六、Effects Controls 特效控制面板

特效控制面板主要用于调整素材的运动特效、透明度和关键帧等,如图 3-21 所示。

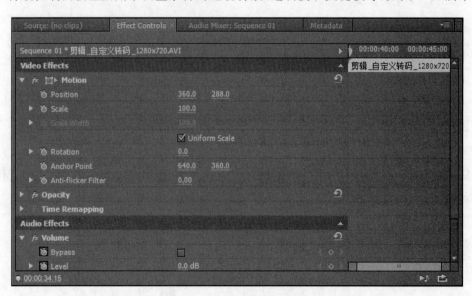

图 3-21　特效控制面板

当为某一段素材添加音频、视频或者转场特效之后,就要在这一面板中进行相应的参
数设置和关键帧的添加等。画面的运动特效也在这里进行设置,该面板会根据素材和特
效的不同显示不同的内容。

七、Audio Mixer 调音台面板

调音台面板如图 3-22 所示,主要用于处理音频素材,利用调音台可以提高或降低音轨的音量,混合音频轨道,调整各声道的音量平衡等。此外还可以利用调音台进行录音工作。

图 3-22 调音台面板

八、Info 信息面板

信息面板主要用于集中显示选定素材的各项信息,如该素材的名称、类型、视频像素、入点、出点和持续时间等详细信息,还会显示相应序列的一些详细信息,如图 3-23 所示。

图 3-23 信息面板

九、History 历史面板

历史面板用于记录编辑过程中所做的各项操作,如果在执行了错误操作后单击面板中相应的命令,就可以撤销该错误的操作。同时,之后编辑的步骤仍在历史中显示,直到新操作将其替换,如图 3-24 所示。

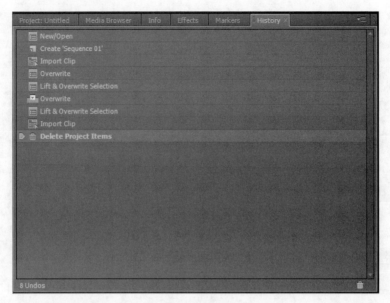

图 3-24　历史面板

思考与练习

1. Premiere Pro 的主要窗口和面板有哪些关联？
2. 如何自定义窗口和面板？

第四章

基本剪接操作

学习目标

　　(1) 了解 Premiere Pro 菜单栏的应用；

　　(2) 掌握 Premiere Pro 基本操作；

　　(3) 掌握 Premiere Pro 的基本剪接技巧。

引言

　　第三章学习了 Premiere Pro CS6 中各个面板的属性与功能，以及新建一个项目及其基本参数的简单设置，这一节将对 Premiere Pro 菜单栏中各项菜单的功能及基本的剪辑技巧进行介绍。

　　熟悉菜单栏的属性可以使用户更方便操作软件，大大提高用户的工作效率及工作能力，使用户编辑的素材更加生动流畅。基本剪辑的学习可以使用户进一步熟悉这个软件的操作，为今后的学习打下良好的基础。

第一节　菜单栏的介绍

　　"工欲善其事必先利其器。"在编辑素材之前首先看一下帮助用户编辑文件所能用到的一些工具，会使用户的工作效率大大增加。Premiere Pro CS6 的菜单栏中包含 9 个菜单，分别为 File(文件)、Edit(编辑)、Project(项目)、Clip(素材)、Sequence(序列)、Marker(标记)、Title(字幕)、Window(窗口)和 Help(帮助)，如图 4-1 所示。

Pr Adobe Premiere Pro - D:\我的资料库\我的文档\Adobe\Premiere Pro\6.0\Untitled *

File Edit Project Clip Sequence Marker Title Window Help

图 4-1　菜单栏

一、File(文件)菜单

　　File(文件)菜单中主要包含新建、打开、关闭、保存项目文件和各种剪辑文件的命令，剪辑捕获、导入、获取属性的命令，页面设置和打印的命令以及退出 Premiere Pro 的命令等，如图 4-2 所示。

下面介绍 File（文件）菜单中常用的文件操作命令。

（1）New（新建）。其级联菜单如图 4-3 所示，最常用的命令从上到下依次如下。

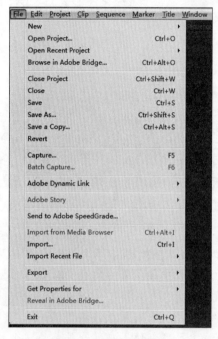

图 4-2　File（文件）菜单

图 4-3　New（新建）级联菜单

① Project（项目），创建一个新的项目；

② Sequence（序列），创建一个新的合成序列，进行编辑合成；

③ Bin（文件夹），在项目面板中创建项目文件夹；

④ Offline File（脱机文件），创建离线编辑的文件；

⑤ Title（字幕），建立一个新的字幕窗口；

⑥ Photoshop File，建立一个 Photoshop 文件；

⑦ Bars and Tone（彩条和音调），在此可以建立一个 10 帧的色条片段；

⑧ Black Video（黑场视频），建立一个黑屏文件；

⑨ Color Matte（彩色蒙版），在时间线窗口中叠加特技效果时，为被叠加素材设置固定的背景色彩。

（2）Open Project（打开一个项目）：打开已经存在的项目、素材或影片等文件。

（3）Open Recent Project（打开最近项目）：打开最近编辑过的文件。

（4）Close Project（关闭项目）：关闭当前项目。

（5）Close（关闭）：关闭当前选取的面板。

（6）Save（保存项目或者文件）：将当前正在编辑的文件项目或字幕进行保存。

（7）Save As（将项目另存为）：将当前正在编辑的文件项目或字幕以新的文件进行

保存。

（8）Save a Copy（保存项目的副本）：将当前正在编辑的文件项目或字幕以副本的形式进行保存。

（9）Revert（返回）：放弃对当前文件项目的编辑，使项目回到最近存储的状态。

（10）Capture（采集）：从外部视频、音频设备捕获视频和音频的文件素材。

（11）Import（导入）：在当前的文件中导入需要的外部素材文件。

（12）Import Recent File（导入最近使用的文件）：选择该命令，可以看到最近导入的文件。

（13）Export（导出）：用于将工作区中的内容以设定的格式输出为影片、单帧、音频或者字幕等。

（14）Exit：退出程序。

二、Edit（编辑）菜单

Edit（编辑）菜单中包括复制、粘贴、剪切、选择、撤销、查找和编辑等命令，用于对剪辑的基本操作，如图 4-4 所示。

下面介绍 Edit（编辑）菜单中的一些常用命令。

Undo（撤销）：取消上一步操作。

Redo（重做）：用于恢复撤销的操作。

Cut（剪切）：将当前文件片段直接剪切到其他地方。

Copy（复制）：将当前文件片段进行复制。

Paste（粘贴）：将剪切或者复制的文件粘贴到相应的位置。

Paste Insert（粘贴插入）：将剪切或者复制的文件在特定位置以插入的方式进行粘贴。

Paste Attributes（粘贴属性）：将其他素材片段上的一些属性粘贴到选定的素材片段上，包括一些滤镜、设置、运动效果等。

Clear（清除）：从内存中清除复制的片段对象。

Ripple Delete（波纹删除）：可以删除选定的素材而不在时间线内留下空白。

Duplicate（副本）：复制"项目"面板中选定的素材，以创建其副本。

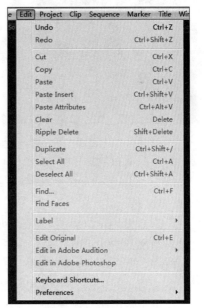

图 4-4　Edit（编辑）菜单

Select All（全选）：选择当前窗口中的所有对象。

Deselect All（取消全选）：取消对当前窗口中的所有对象的选择。

Find（查找）：根据名称、标签、类型等在项目面板中定位对象。

Edit Original（编辑原始素材）：用于将选中的原始素材在外部程序软件中进行编辑。

三、Project(项目)菜单

Project(项目)菜单中的命令主要用于项目参数设置、项目管理和在项目中进行各种编辑。使用这些命令可以设置压缩率、画幅的大小和帧速率等,如图 4-5 所示。

下面介绍 Project(项目)菜单中的常用命令。

Project Settings(项目设置):用于设置当前项目文件的参数,其级联菜单为常规和暂存盘,如图 4-6 所示。

图 4-5　Project(项目)菜单

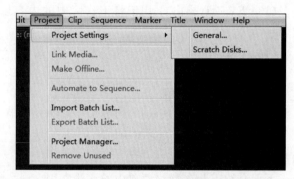

图 4-6　Project Settings(项目设置)级联菜单

Link Media(链接媒体):可以将面板中的素材与外部视频文件、音频文件、网络媒介等链接起来。

Make Offline(造成脱机):与"链接媒体"相对立,用于取消面板中的素材与外部视频文件、音频文件、网络媒介等的链接。

Automate to Sequence(自动匹配到序列):将项目面板中选定的素材按顺序自动排列到时间线面板轨道。

Import Batch List(导入批量列表):用于从硬盘中导入一个 Premiere Pro 格式的批处理文件列表。

Export Batch List(导出批量列表):用于将一个 Premiere Pro 格式的批处理文件列表导出到硬盘中。

Project Manager(项目管理):用于管理项目文件或使用的素材。

Remove Unused(移动未使用资源):从项目中删除已经引入 Timeline,但没有被包含在输出影片中的一些片段。

四、Clip(素材)菜单

Clip(素材)菜单是 Premiere Pro 中最重要的菜单,包含大部分的剪辑影片命令,提供了更改素材运动和视频、音频设置等编辑命令,如图 4-7 所示。这些命令的使用频率非常高,应牢记其快捷键,提高效率。

下面介绍 Clip(素材)菜单中的一些常用命令。

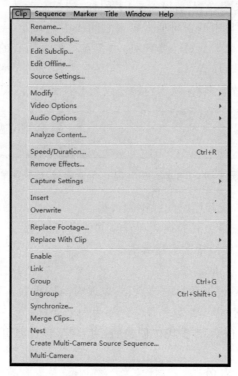

图 4-7 Clip(素材)菜单

Rename(重命名)：重命名选定的素材。

Make Subclip(创建附加素材)：根据在素材源监视器中编辑的素材进行创建。

Edit Subclip(编辑附加素材)：用于编辑子素材的切入点和切出点。

Modify(修改)：对源素材的音频声道、视频参数及时间码进行修改。

Video Options(视频选项)：设置视频素材的各选项，包含一个级联菜单，如图 4-8 所示，命令从上到下依次为：帧定格、场选项、帧混合和缩放为当前画面大小。

图 4-8 Video Options(视频选项)级联菜单

Audio Options(音频选项)：设置音频素材的各选项，包含一个级联菜单，如图 4-9 所示。命令从上到下依次为音频增益、拆分为单声道、渲染并替换、提取音频。

图 4-9 Audio Options(音频选项)级联菜单

Capture Settings(采集设置)：设置采集素材时的控制参数。

Insert(插入)：将项目中的素材插入指定时间线中的某处。

Overlwrite(覆盖)：将素材插入指定处，并覆盖该位置原有的素材片段。

Replace With Clip(替换素材)：包含一个级联菜单，如图 4-10 所示，命令从上到下分别为：从素材源监视器替换素材，从素材源监视器替换素材、匹配帧，从容器替换素材。

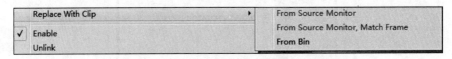

图 4-10　Replace With Clip(替换素材)级联菜单

Enable(启用)：激活或禁用时间线中的素材。

Link(链接音视频)：将关联的视频和音频文件进行链接。

Group(编组)：将时间线中的素材编组。

Ungroup(解除编组)：取消编组。

Synchronize(同步)：根据素材的起点、终点或时间码排列。

Merge Clips(合并素材)：将多个素材合并为一个素材。

Multi-Camera(多机位)：将多机位创建的影片同步进行剪辑。

五、Sequence(序列)菜单

Sequence(序列)菜单主要用于在时间线窗口中预览素材，并能更改在时间线容器中出现的视频和音频轨道，如图 4-11 所示。由于 Timeline 窗口是影片编辑的主要场所，因此，该菜单中命令在编辑工作中很重要。

下面介绍此菜单的一些常用命令。

Sequence Settings(序列的设置)：更改序列参数。

Render Effects in Work Area(在工作区渲染效果)：用内存渲染和预览指定工作区内的素材。

Render Entire Work Area(渲染整个工作区)：用内存渲染和预览整个工作区内的素材。

Render Audio(渲染音频)：只渲染音频素材。

Delete Render Files(删除渲染文件)：删除所有与当前项目工程关联的渲染文件。

Delete Work Area Render Files(删除工作区渲染文件)：删除工作区指定的渲染文件。

Apply Video Transition：应用视频切换效果。

Apply Audio Transition：应用音频切换效果。

图 4-11　Sequence(序列)菜单

Apply Default Transitions to Selection：应用默认的切换效果到所选择的素材。

Lift(提升)：指移除在监视器中设置的从入点到出点的帧,在时间线位置保留空白。

Extract(提取)：指移除在监视器中设置的从入点到出点的帧,但不在时间线位置保留空白。

Zoom In：放大时间线。

Zoom Out：缩小时间线。

Snap：吸附素材到时间线中素材的边缘。

Add Tracks：在时间线中添加轨道。

Delete Tracks：在时间线中删除轨道。

六、Marker(标记)菜单

Marker(标记)菜单主要用于对时间线面板中的素材标记和监视器中的素材标记进行编辑处理,使用标记可以快速到达时间线区域内的特定标记处,如图 4-12 所示。

下面介绍该菜单的一些常用命令。

Mark In、Mark Out(标记入点、出点)：在时间线面板中设置视频和音频素材的入点和出点。

Mark Clip(标记素材)：在时间线上标记视频和音频素材。

Mark Selection(标记选择)：在时间线中选择标记素材。

Go to In、Go to Out：跳转入点、出点。

Clear In、Clear Out：清除标记的入点或出点。

Add Marker：为素材添加标记。

Go to Next Marker：转到下一个标记。

Edit Marker(编辑序列标记)：选择该命令会弹出对话框,在其中可以对标记的序列进行命名,还可以进行添加评论等设置。

Add Encore Chapter Marker：在当前时间标示点处创建一个 Encore 章节标记。

Add Flash Cue Marker：设置提示标记。

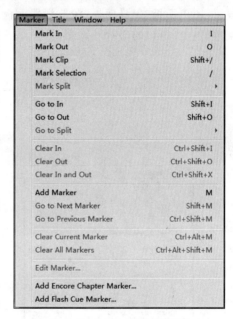

图 4-12 Marker(标记)菜单

七、Title(字幕)菜单

Title(字幕)菜单主要对字幕进行编辑,对字体进行修改设置等操作,如图 4-13 所示。双击素材库中的某个字幕文件,可以打开字幕窗口进行编辑。

下面介绍该菜单的一些常用命令。

New Title(新建字幕)：创建一个字幕文件。

Font(字体)：设置字幕的字体。

Size(大小)：设置字幕的大小。

Type Alignment(文字对齐)：设置字幕文字的对齐方式。

Roll/Crawl Options(滚动/游动选项)：设置字幕文字的滚动方式。

Logo(标记)：用于在字幕中插入或者编辑图形。

Transform(变换)：用于精确设置字幕中文字的位置、大小、旋转和透明度。

Arrange(排列)：改变当前文字的排列方式。

Align Objects(对齐对象)：将文字对齐当前"字幕工具"面板中的指定对象。

八、Window(窗口)菜单

Window(窗口)菜单主要用于管理工作区的各个窗口，如图 4-14 所示，包括工作区的设置、历史面板、工具面板、源监视器面板、节目监视器面板、项目面板等。用户可以在该菜单里选择窗口的显示和隐藏。

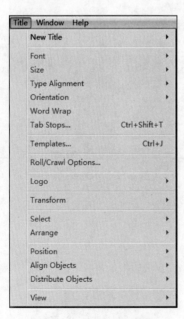

图 4-13 Title(字幕)菜单

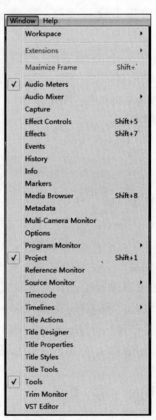

图 4-14 Window(窗口)菜单

九、Help(帮助)菜单

　　Help(帮助)菜单主要用于帮助用户解决遇到的问题。用户可以借助 Premiere Pro 的帮助文件学习它的一些基本设置、操作以及功能命令的使用,该菜单还提供了 Adobe 公司的在线帮助,如图 4-15 所示。

图 4-15　Help(帮助)菜单

第二节　Premiere Pro 的基本剪接操作

　　在熟悉 Premiere 的各个菜单及面板的应用之后,就可以开始编辑视频文件。用户已经学习了如何新建一个项目,在进行基本的编辑之前还需要执行一些必要的操作。

一、导入素材

　　在执行各项编辑命令之前首先要将需要编辑的素材导入软件中,Premiere Pro CS6 支持大部分主流视频、音频、图片以及字幕的文件格式。有了这些素材,编辑影片的形式更加丰富,内容更加充实,编辑的文件更加饱满和精彩。

　　在导入素材时,可以选择如下三种方式:

　　(1) 选择 File(文件)菜单栏中的 Import 命令;

　　(2) 在 Project(窗口)的空白处双击鼠标右键;

　　(3) 在 Project(窗口)中右击,在弹出的对话框中选择 Import 命令。

　　上述方式都可打开 Import 命令的对话框,如图 4-16 所示。

　　默认情况下 Import 对话框显示的是所有支持的文件类型,用户也可以在其中快速选择需要导入的某一类素材类型,如图 4-17 所示,也可以按住 Shift 键选择多个文件。若非连续文件,可按住 Ctrl 键加选。

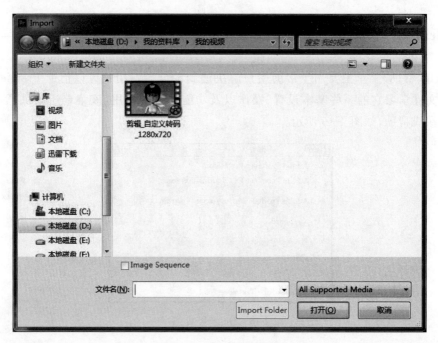

图 4-16　Import 对话框

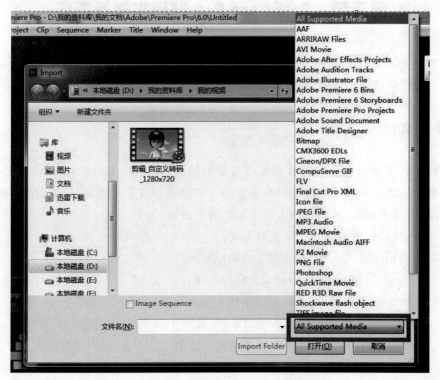

图 4-17　Import 对话框素材类型菜单

二、在监视器窗口编辑素材

对于大多数已经导入的素材文件，往往只需要其中的一段，所以可以在 Source Monitor(素材源监视器)窗口对素材设置入点和出点，取所需的那段，将不需要的部分排除，避免了在时间线窗口进行剪切。第四章中已经介绍了关于 Source Monitor(素材源监视器)各项按钮的应用与功能。那么在将导入的素材拖至监视器窗口后，只需将时间指针拖动到入点需要的帧画面，单击 ▮ 按钮设置入点，然后拖动时间指针到出点需要的帧画面，单击 ▮ 按钮，会发现时间线从入点到出点的部分颜色略深，如图 4-18 所示。

图 4-18　入点和出点

三、将素材插入时间线

在一段视频的编辑中，大多数的编辑工作都是在 Timeline(时间线)窗口完成的，之前在监视器窗口编辑素材也是为了将素材插入时间线面板。将素材大致分为两种：直接插入和三点、四点插入法。

（一）直接插入素材

直接插入有两种方式。

（1）直接在 Project(项目)面板选中需要的素材，将其拖曳至时间线面板的音频和视频轨道中。

（2）在 Source Monitor(素材源监视器)中选择插入 ▦ 或者覆盖 ▦ 按钮插入素材。在时间线上选定要插入素材的时间点，然后在源监视器中单击"插入"按钮，素材将会自动插入时间线指定的位置。插入完成后时间指针自动跳到素材结尾处，整个时间线的时间也会向后顺延，如图 4-19 所示。

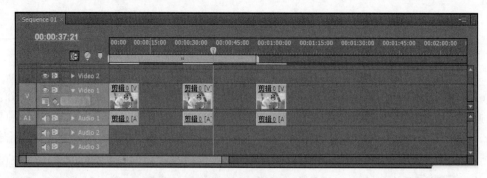

图 4-19　直接插入素材

若单击"覆盖"按钮,素材会自动插入时间线的指针处,同时指针后的素材会被替代。若替代的素材长度大于被替代素材的长度,时间线会延长。

(二)三点、四点插入法

三点、四点插入法是最为常用的素材插入法,因为在编辑素材时,很少会直接使用全部的素材,多数会从中选取一部分进行插入编辑。三点、四点插入法的方法很相似,都是先指定几个点,按照不同的方法将素材插入,这样会使素材更加精确地插入时间线面板上。

1. 三点插入法

三点是指 Source Monitor(素材源监视器)中素材的某一段入点和 Program Monitor(节目监视器)素材的入点和出点,或者 Source Monitor(素材源监视器)中素材的某一段入点和出点和 Program Monitor(节目监视器)素材的出点。

三点插入法的具体操作方法:首先,在项目面板中选择一个素材,在 Source Monitor(素材源监视器)面板中预览的同时在素材需要截取的开始的地方单击 █ 按钮设置入点,在素材需要截取的结束的地方单击 █ 按钮设置出点,这样就已经在素材源监视器中选取了需要的部分。然后,在时间线面板上找到需要插入的地方,以图 4-20 为例,假设需要在时间线的 00:00:30:00 这个时间开始插入视频,就将时间指针拖至此处,在 Program Monitor(节目监视器)面板中单击 █ 按钮设置入点。最后,单击 Source Monitor(素材源监视器)中的 █ 按钮,需要的素材就在指定的位置插入时间线。

2. 四点插入法

四点插入法与三点插入法十分类似,只是比三点插入更复杂些。四点插入法的出入点设置方法与三点插入法相同,就是说在 Source Monitor(素材源监视器)和 Program Monitor(节目监视器)都设置入点和出点,因为四点插入比三点插入多设置了一个出点。用片段替换片段,如果片段长度不一致,就要多一步设置。

四点插入法的具体操作方法:首先对于出入点的设置与三点插入法相同,然后在设置出入点后,会发现两段素材的时间长度不一样,Source Monitor(素材源监视器)上的素材长度为 00:00:09:15,Program Monitor(节目监视器)上的素材长度为 00:00:10:01 。这时如果进行

图 4-20 三点插入法

插入或者覆盖操作,要对素材进行调整。单击 Source Monitor(素材源监视器)上的"插入"按钮 ![] 或"覆盖"按钮 ![] 会弹出一个对话框,如图 4-21 所示,可选的三项从上至下分别为:更改素材速度(充分适配)、忽略序列入点、忽略序列出点。

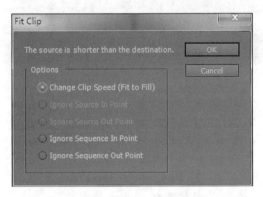

图 4-21 Fit Clip 对话框

一般情况下会默认选择 Change Clip Speed(Fit to Fill)命令以适配目标素材。

四、视频基本剪接操作

在对 Source Monitor(素材源监视器)和 Program Monitor(节目监视器)中的素材进行初步的编辑之后,大部分无用的素材应该已经去除了,但这只是对于素材大概、粗略的剪裁。在时间线上的具体编辑过程还会有很多细致的素材分割和剪接,这就需要用 Tools(工具)面板中的 ![] 剃刀工具分割素材,剃刀工具可以使素材分成两段。

将素材插入时间线面板后,拖动时间指针到需要进行剪切的时间点处,如图4-22所示。

图4-22　使用剃刀工具分割素材(一)

选择Tools(工具)面板中的"剃刀"工具,这时时间线面板上会出现剃刀工具的工具图标,将此工具图标放到时间指针所处的位置上,单击之后就会将这一段素材一分为二,如图4-23所示。

图4-23　使用剃刀工具分割素材(二)

如果想把其中的某段素材删除,可以再次使用剃刀工具分割素材,则两次切割的中间部分就成了一个独立的片段,此时再选中中间需删除的部分,按Delete键删除即可。

 小贴士

删除素材的另一种思路

用户也可以在第一次使用"剃刀"工具后使用"工具面板"中的"选择"工具,将鼠标放置在两段素材的中间位置,会出现"拉伸"图标,向左向右拖动,也可以达到删除的效果。若想撤销删除可以按Ctrl+Z键撤销上一步的操作,或者依旧将鼠标放置在素材的边缘,等到出现"拉伸"图标时,拖动也可以起到恢复删除片段的作用。

若想保持时间线的总长度不变,又不增加新的素材,并将删除的部分填平,可以选择Tools(工具)面板上的"比例缩放"工具,对素材进行速度的调整,更改素材的长度。用户可以将鼠标放置在前段素材的出点,当出现光标时向右拖曳,如图4-24所示,会使前一段素材的播放速度变慢;或者将"比例缩放"工具放置在后一段素材的入点向左拉伸,会使后一段素材的播放速度变慢,但时间线的总长度不变。

图 4-24　使用"比例缩放"工具填平删除部分

思考与练习

1. 除了可以在 Source Monitor(素材源监视器)面板中预览素材外,还可以通过哪种方式迅速查看素材?

2. 三点插入法和四点插入法相比最大的不同是什么?

3. 如何使用剃刀工具剪切素材?

第五章

过渡效果与关键帧动画

学习目标

(1) 了解过渡效果与关键帧动画；

(2) 掌握关键帧设置方法；

(3) 学习各种内置视频过渡效果；

(4) 掌握素材过渡效果调整方法。

引言

本章详细介绍视频过渡效果添加、具体参数设置及如何进行关键帧动画的制作，并演示了过渡效果与添加关键帧后所呈现的最终效果。

第一节　认识过渡效果与参数设置

过渡最常见的形式就是切换，即从一个素材到另一个素材的瞬时转换。进行转换只需要在视频轨道上把两个素材首尾相接排列就可以了。但是，这样的变换太过生硬、突然，没有转变的过程，给人带来跳跃感和不舒服的观看效果。为了达到素材间切换自然，最主要手段是运用视频过渡效果。

为了不同场景、镜头进行非线性组接和切换，使素材切换效果平滑自然，就要运用视频过渡效果。在素材编辑中，过渡效果使场景和镜头连接起来表述故事。同时，也起着美化和丰富镜头画面表现形式的作用。它使视频片段连接更加和谐，过渡更加自然，电影、电视、动漫等所有视频节目中，都经常运用镜头过渡效果。

一、添加过渡效果步骤

Premiere Pro CS6 过渡效果集中在 Effects（特效）面板中，如图 5-1 所示。

添加过渡效果的步骤如下。

图 5-1　Effects 面板

（一）导入素材文件

双击 Projcet(项目)窗口的空白位置,弹出导入文件窗口,选择素材文件,如图 5-2 所示。

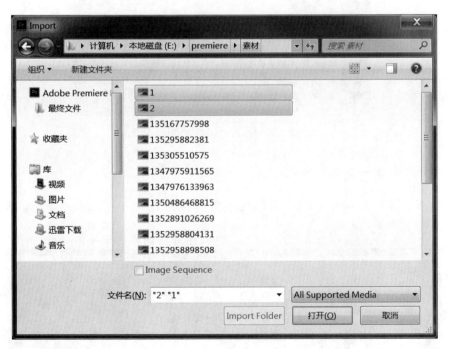

图 5-2　Import(导入)素材

（二）素材拖入时间线

拖曳 Project(项目)窗口的素材文件到时间线 Video 1 轨道中,如图 5-3 所示。

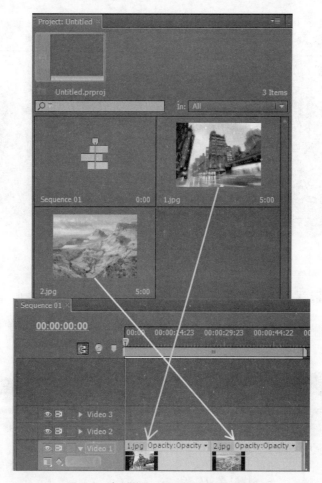

图 5-3　素材拖入时间线 Video 1 轨道

（三）显示素材效果

预览素材效果在 Source Monitor(素材监视器)和 Program Monitor(节目监视器)中，如图 5-4 所示。

图 5-4　显示素材

（四）添加过渡效果

展开 Effcets（特效）面板下 Video Transitions（视频转场）菜单，可以看到有许多特效，如图 5-5 所示。

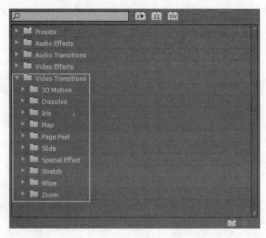

图 5-5　Effects 面板 Video Transitions 菜单

（五）删除过渡效果

如果添加过渡特效的效果不理想，选择当前过渡特效，按 Delete 键可以删除特效。另外，可以在当前特效上右击选择 Clear（清除）命令，如图 5-6 所示。

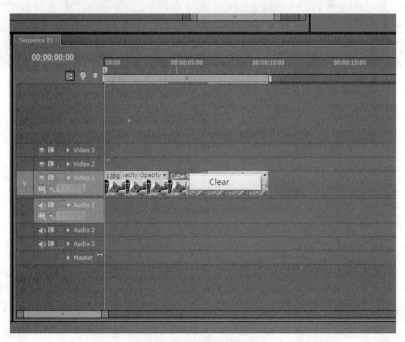

图 5-6　删除过渡效果

二、过渡效果公用参数设置

添加的过渡效果参数都是默认数值，不满意效果时还可以进行参数设置。双击特效，Effect Controls（特效控制）面板中会显示当前特效参数与信息，公用参数为 Duration（持续时间）、Alignment（切换位置）、Start（起始时间）、End（结束时间）、Reverse（翻转），如图 5-7 所示。

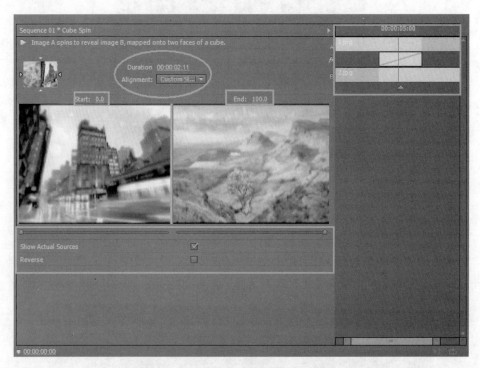

图 5-7　Effect Controls（特效控制）面板

第二节　过渡效果的分类

在 Premiere Pro CS6 的 Effects（特效）面板中，有 Presets、Audio Effects、Audio Transitions、Video Effects、Video Transitions 五个部分，可分为两大类：Audio Transitions（音频过渡）和 Video Transitions（视频过渡）。本节主要针对 Video Transitions（视频过渡）进行讲解。

Premiere Pro CS6 中过渡效果默认有 10 种，分别是 3D Motion（3D 运动类）、Dissolve（淡化过渡类）、Iris（划像类）、Map（映射类）、Page Peel（翻页过渡类）、Slide（滑动过渡类）、Special Effect（特殊效果过渡类）、Stretch（伸展过渡类）、Wipe（扫除过渡类）、Zoom（缩放过渡类），下面将对这 10 种过渡效果做一个基本介绍。

一、3D Motion（3D 运动类）

3D Motion 类里面包含 10 种过渡类型，如图 5-8 所示。

图 5-8　3D Motion 过渡类型

（一）Cube Spin（立方体旋转过渡）

这个过渡效果是将 2 个相邻素材的过渡以立方体旋转的形式来实现的，如图 5-9 所示。

图 5-9　Cube Spin（立方体旋转过渡）

（二）Curtain（卷帘过渡）

这个过渡效果是将 2 个相邻素材的过渡以图像 A 呈拉起的形状消失，图像 B 出现的形式来实现的，效果就像打开门帘一样，如图 5-10 所示。

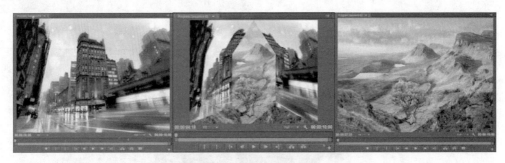

图 5-10　Curtain（卷帘过渡）

（三）Doors（关门过渡）

这个过渡效果是将 2 个相邻素材的过渡以图像 A、图像 B 呈关门状转换的形式来实现的，效果就像关门一样，如图 5-11 所示。

图 5-11　Doors（关门过渡）

（四）Flip Over（翻转过渡）

这个过渡效果是将 2 个相邻素材的过渡以图像 A 反转到图像 B，效果就像翻转了一样，如图 5-12 所示。

图 5-12　Flip Over（翻转过渡）

（五）Fold Up（折叠过渡）

这个过渡效果是将 2 个相邻素材的过渡以图像 A 像纸一样折叠到图像 B 的形式来

实现的,效果就像两样东西折叠在一块一样,如图 5-13 所示。

图 5-13　Fold Up(折叠过渡)

(六) Spin(旋转过渡)

这个过渡效果是将 2 个相邻素材的过渡以图像 B 旋转出现在图像 A 上的形式来实现的,如图 5-14 所示。

图 5-14　Spin(旋转过渡)

(七) Spin Away(旋转离开过渡)

这个过渡效果是将 2 个相邻素材的过渡以图像 A 旋转离开,由图像 B 代替的形式来实现的,如图 5-15 所示。

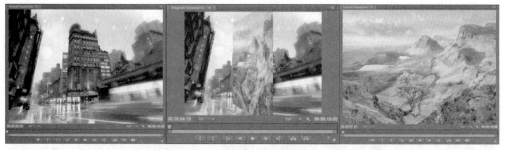

图 5-15　Spin Away(旋转离开过渡)

(八) Swing In(摆锤摆入过渡)

这个过渡效果是将 2 个相邻素材的过渡以图像 B 像摆锤一样摆入,取代图像 A 的形式来实现的,效果就像摆锤摆入一样,如图 5-16 所示。

图 5-16　Swing In(摆锤摆入过渡)

(九) Swing Out(摆锤摆出过渡)

这个过渡效果是将 2 个相邻素材的过渡以图像 B 像摆锤一样从外面摆出,取代图像 A 的形式来实现的,效果就像摆锤摆出一样,如图 5-17 所示。

图 5-17　Swing Out(摆锤摆出过渡)

(十) Tumble Away(筋斗过渡)

这个过渡效果是将 2 个相邻素材的过渡以图像 A 像翻筋斗一样翻出,显现出图像 B 的形式来实现的,效果就像翻筋斗一样,如图 5-18 所示。

图 5-18　Tumble Away(筋斗过渡)

二、Dissolve（淡化过渡类）

Dissolve 类里面包含 8 种过渡类型，如图 5-19 所示。

图 5-19　Dissolve 过渡类型

（一）Additive Dissolve（附加淡化过渡）

这个过渡效果是将 2 个相邻素材的过渡以图像 A 淡化为图像 B 的形式来实现的，如图 5-20 所示。

图 5-20　Additive Dissolve（附加淡化过渡）

（二）Cross Dissolve（相反淡化过渡）

这个过渡效果是将 2 个相邻素材的过渡以图像 A 和图像 B 相反的方向一个淡化另外一个出现的形式来实现的，如图 5-21 所示。

（三）Dip to Black（黑场过渡）

这个过渡效果是将 2 个相邻素材的过渡以图像 A 渐变到黑色淡化出现图像 B 的形式来实现的，如图 5-22 所示。

图 5-21　Cross Dissolve（相反淡化过渡）

图 5-22　Dip to Black（黑场过渡）

（四）Dip to White（白场过渡）

这个过渡效果是将 2 个相邻素材的过渡以图像 A 渐变到白色淡化出现图像 B 的形式来实现的，如图 5-23 所示。

图 5-23　Dip to White（白场过渡）

（五）Dither Dissolve（抖动淡化过渡）

这个过渡效果是将 2 个相邻素材的过渡以图像 A 以点的形式逐渐淡化到图像 B 的形式来实现的，如图 5-24 所示。

图 5-24　Dither Dissolve(抖动淡化过渡)

(六) Film Dissolve(胶片淡化过渡)

这个过渡效果是将 2 个相邻素材的过渡以图像 A 以胶片的形式逐渐淡化到图像 B 的形式来实现的,如图 5-25 所示。

图 5-25　Film Dissolve(胶片淡化过渡)

(七) Non-Additive Dissolve(非附加淡化过渡)

这个过渡效果是将 2 个相邻素材的过渡以图像 A 的亮度图映射给图像 B 的形式来实现的,如图 5-26 所示。

图 5-26　Non-Additive Dissolve(非附加淡化过渡)

(八) Random Invert(随机化过渡)

这个过渡效果是将 2 个相邻素材的过渡以图像 A 以随机块反转消失,图像 B 以随机块反转出现的形式来实现的,如图 5-27 所示。

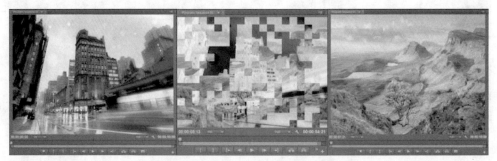

图 5-27　Random Invert(随机化过渡)

三、Iris(划像类)

Iris 类里面包含 7 种过渡类型,如图 5-28 所示。

图 5-28　Iris 过渡类型

(一) Iris Box(方形过渡)

这个过渡效果是将 2 个相邻素材的过渡以图像 B 呈方形在图像 A 上展开的形式来实现的,如图 5-29 所示。

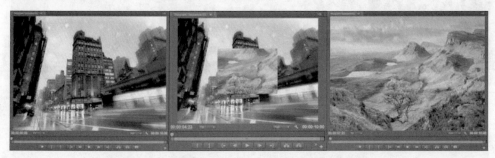

图 5-29　Iris Box(方形过渡)

（二）Iris Cross（十字形过渡）

这个过渡效果是将 2 个相邻素材的过渡以图像 B 呈十字形在图像 A 上展开的形式来实现的，如图 5-30 所示。

图 5-30　Iris Cross（十字形过渡）

（三）Iris Diamond（钻石形过渡）

这个过渡效果是将 2 个相邻素材的过渡以图像 B 呈钻石形在图像 A 上展开的形式来实现的，如图 5-31 所示。

图 5-31　Iris Diamond（钻石形过渡）

（四）Iris Points（斜十字形过渡）

这个过渡效果是将 2 个相邻素材的过渡以图像 B 呈斜十字形在图像 A 上展开的形式来实现的，如图 5-32 所示。

图 5-32　Iris Points（斜十字形过渡）

（五）Iris Round（圆形过渡）

这个过渡效果是将 2 个相邻素材的过渡以图像 B 呈圆形在图像 A 上展开的形式来实现的，如图 5-33 所示。

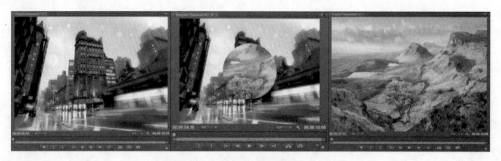

图 5-33　Iris Round（圆形过渡）

（六）Iris Shapes（锯齿形过渡）

这个过渡效果是将 2 个相邻素材的过渡以图像 B 呈锯齿形在图像 A 上展开的形式来实现的，如图 5-34 所示。

图 5-34　Iris Shapes（锯齿形过渡）

（七）Iris Star（星形过渡）

这个过渡效果是将 2 个相邻素材的过渡以图像 B 呈星形在图像 A 上展开的形式来实现的，如图 5-35 所示。

图 5-35　Iris Star（星形过渡）

四、Map(映射类)

Map 类里面包含 2 种过渡类型,如图 5-36 所示。

图 5-36 Map 过渡类型

(一) Channel Map(通道过渡)

这个过渡效果是将 2 个相邻素材的过渡以从图像 A 和图像 B 选择通道并映射到输出的形式来实现的。在时间轴双击 Transitions 通道上的过渡显示区,就会弹出一个设置 Channel Map 的对话框,如图 5-37 所示。

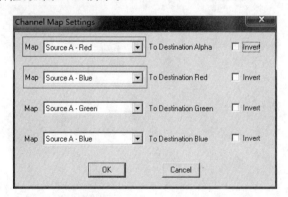

图 5-37 Channel Map 设置对话框

在 Channel Map 对话框里面没有勾选的 Map 栏,在素材过渡中就显示出该栏的颜色,如图 5-38 所示。

(二) Luminance Map(亮度过渡)

这个过渡效果是将 2 个相邻素材的过渡以图像 A 的亮度值映射到图像 B 的形式来

图 5-38　Channel Map 设置效果

实现的。在时间轴双击 Transitions 通道上的过渡显示区，就会弹出一个设置 Luminance Map 的对话框，如图 5-39 和图 5-40 所示。

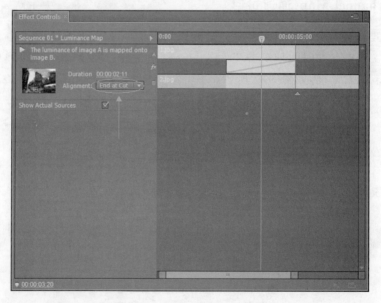

图 5-39　Luminance Map 设置

五、Page Peel（翻页过渡类）

Page Peel 类里面包含 5 种过渡类型，如图 5-41 所示。

图 5-40　过渡区过渡效果

图 5-41　Page Peel 过渡类型

（一）Center Peel（中心卷开过渡）

这个过渡效果是将 2 个相邻素材的过渡以图像 A 从中心分裂成 4 块卷开,显示出图像 B 的形式来实现的,如图 5-42 所示。

图 5-42　Center Peel（中心卷开过渡）

（二）Page Peel（页剥过渡）

这个过渡效果是将 2 个相邻素材的过渡以图像 A 带着背景色卷走，露出图像 B 的形式来实现的，如图 5-43 所示。

图 5-43　Page Peel（页剥过渡）

（三）Page Turn（翻页过渡）

这个过渡效果是将 2 个相邻素材的过渡效果类似于 Page Peel，但是以图像 A 卷起时，背景仍旧是图像 A 的形式来实现的，如图 5-44 所示。

图 5-44　Page Turn（翻页过渡）

（四）Peel Back（剥开后面过渡）

这个过渡效果是将 2 个相邻素材的过渡以图像 A 由中央呈 4 块分别卷走，露出图像 B 的形式来实现的，如图 5-45 所示。

图 5-45　Peel Back（剥开后面过渡）

（五）Roll Away（滚动离开过渡）

这个过渡效果是将 2 个相邻素材的过渡以图像 A 像一张纸一样卷走，露出图像 B 的形式来实现的，如图 5-46 所示。

图 5-46　Roll Away（滚动离开过渡）

六、Slide（滑动过渡类）

Slide 类里面包含 12 种过渡类型，如图 5-47 所示。

图 5-47　Slide 过渡类型

（一）Band Slide（波段滑动过渡）

这个过渡效果是将 2 个相邻素材的过渡以图像 B 以带状推入，逐渐覆盖图像 A 的形式来实现的，如图 5-48 所示。

图 5-48　Band Slide（波段滑动过渡）

（二）Center Merge（中心合并过渡）

这个过渡效果是将 2 个相邻素材的过渡以图像 A 从四周向中心合并，显现出图像 B 的形式来实现的，如图 5-49 所示。

图 5-49　Center Merge（中心合并过渡）

（三）Center Split（中心裂缝过渡）

这个过渡效果是将 2 个相邻素材的过渡以图像 A 从中心呈十字向四周裂开，显现出图像 B 的形式来实现的，如图 5-50 所示。

图 5-50　Center Split（中心裂缝过渡）

（四）Multi-Spin（多种旋转过渡）

这个过渡效果是将 2 个相邻素材的过渡以图像 B 以 12 个小的旋转图像呈现出来，并逐渐取代图像 A 的形式来实现的，如图 5-51 所示。

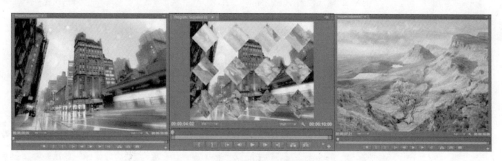

图 5-51　Multi-Spin（多种旋转过渡）

（五）Push（推开过渡）

这个过渡效果是将 2 个相邻素材的过渡以图像 B 从左边推动图像 A 向右边运动，并逐渐取代图像 A 的位置的形式来实现的，如图 5-52 所示。

图 5-52　Push（推开过渡）

（六）Slash Slide（斜线滑动过渡）

这个过渡效果是将 2 个相邻素材的过渡以图像 B 以一些自由线条方式划入图像 A，并逐渐取代图像 A 的位置的形式来实现的，如图 5-53 所示。

图 5-53　Slash Slide（斜线滑动过渡）

（七）Slide（滑动过渡）

这个过渡效果是将 2 个相邻素材的过渡以图像 B 像幻灯片一样划入图像 A，并逐渐取代图像 A 的位置的形式来实现的，如图 5-54 所示。

图 5-54　Slide（滑动过渡）

（八）Sliding Bands（滑动波段过渡）

这个过渡效果是将 2 个相邻素材的过渡以图像 B 在水平或者垂直方向的从小到大的条形中逐渐显露，并逐渐取代图像 A 的位置的形式来实现的，如图 5-55 所示。

图 5-55　Sliding Bands（滑动波段过渡）

（九）Sliding Boxes（滑动盒子过渡）

这个过渡效果是将 2 个相邻素材的过渡以图像 B 在水平或垂直方向的从小到大的条形中逐渐显露，并逐渐取代图像 A 的位置的形式来实现的。效果类似于 Sliding Bands，只不过滑条更大，如图 5-56 所示。

图 5-56　Sliding Boxes（滑动盒子过渡）

（十）Split（切分过渡）

这个过渡效果是将 2 个相邻素材的过渡以图像 A 被分裂显露出图像 B，并逐渐取代图像 A 的位置的形式来实现的，如图 5-57 所示。

图 5-57　Split（切分过渡）

（十一）Swap（交换过渡）

这个过渡效果是将 2 个相邻素材的过渡以图像 B 与图像 A 前后交换位置，并逐渐取代图像 A 的位置的形式来实现的，如图 5-58 所示。

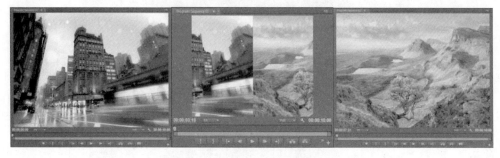

图 5-58　Swap（交换过渡）

（十二）Swirl（旋涡过渡）

这个过渡效果是将 2 个相邻素材的过渡以图像 B 在一些旋转的方块中旋转而出，并逐渐取代图像 A 的位置的形式来实现的，如图 5-59 所示。

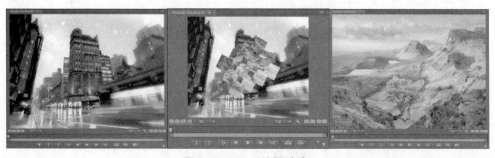

图 5-59　Swirl（旋涡过渡）

七、Special Effect(特殊效果过渡类)

Special Effect 类里面包含 3 种过渡类型,如图 5-60 所示。

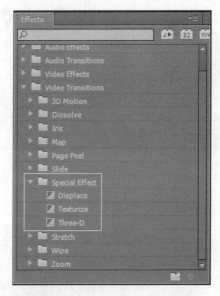

图 5-60　Special Effect 过渡类型

(一) Displace(取代过渡)

这个过渡效果是将 2 个相邻素材的过渡以图像 A 的 RGB 通道像素被图像 B 的相同像素代替的形式来实现的,如图 5-61 所示。

图 5-61　Displace(取代过渡)

(二) Texturize(纹理过渡)

这个过渡效果是将 2 个相邻素材的过渡以图像 A 被作为纹理贴图映射给图像 B 的形式来实现的,如图 5-62 所示。

图 5-62　Texturize（纹理过渡）

（三）Three-D（3 次元过渡）

这个过渡效果是将 2 个相邻素材的过渡以把原图像映射给输出图像 B 的红和蓝通道的形式来实现的，如图 5-63 所示。

图 5-63　Three-D（3 次元过渡）

八、Stretch（伸展过渡类）

Stretch 类里面包含 4 种过渡类型，如图 5-64 所示。

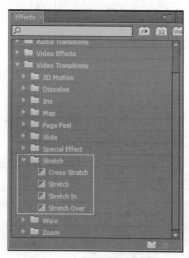

图 5-64　Stretch 过渡类型

（一）Cross Stretch（相反伸展过渡）

这个过渡效果是将 2 个相邻素材的过渡以图像 B 从一个边伸张进入，同时图像 A 则收缩消失的形式来实现的，如图 5-65 所示。

图 5-65　Cross Stretch（相反伸展过渡）

（二）Stretch（伸展过渡）

这个过渡效果是将 2 个相邻素材的过渡以图像 B 像幻灯片一样划入图像 A，并逐渐取代图像 A 的位置的形式来实现的。效果类似于 Slide，只不过图像 B 滑动时有变形，如图 5-66 所示。

图 5-66　Stretch（伸展过渡）

（三）Stretch In（伸展进入过渡）

这个过渡效果是将 2 个相邻素材的过渡以图像 B 放大进入，图像 A 淡出，并逐渐取代图像 A 的位置的形式来实现的，如图 5-67 所示。

图 5-67　Stretch In（伸展进入过渡）

（四）Stretch Over（伸展出来过渡）

这个过渡效果是将 2 个相邻素材的过渡以图像 B 从 A 的中心线放大进入，并逐渐取代图像 A 的位置的形式来实现的，如图 5-68 所示。

图 5-68　Stretch Over（伸展出来过渡）

九、Wipe（扫除过渡类）

Wipe 类里面包含 17 种过渡类型，如图 5-69 所示。

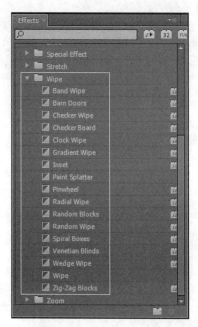

图 5-69　Wipe 过渡类型

（一）Band Wipe（波段擦过渡）

这个过渡效果是将 2 个相邻素材的过渡以图像 B 以水平、垂直或者对角线呈带状逐渐扫除图像 A 的形式来实现的，如图 5-70 所示。

图 5-70　Band Wipe（波段擦过渡）

（二）Barn Doors（谷仓门过渡）

这个过渡效果是将 2 个相邻素材的过渡以图像 B 以开、关门方式过渡到图像 A 的形式来实现的，如图 5-71 所示。

图 5-71　Barn Doors（谷仓门过渡）

（三）Checker Wipe（棋盘方格扫除过渡）

这个过渡效果是将 2 个相邻素材的过渡以图像 B 呈棋盘形逐渐显露并逐渐取代图像 A 的位置的形式来实现的，如图 5-72 所示。

图 5-72　Checker Wipe（棋盘方格扫除过渡）

（四）Checker Board（棋盘过渡）

这个过渡效果是将 2 个相邻素材的过渡以图像 B 呈方格棋盘形逐渐显露并逐渐取代图像 A 的位置的形式来实现的，如图 5-73 所示。

图 5-73　Checker Board（棋盘过渡）

（五）Clock Wipe（时钟扫除过渡）

这个过渡效果是将 2 个相邻素材的过渡以图像 B 呈时钟转动方式逐渐扫除图像 A 并取代图像 A 的位置的形式来实现的，如图 5-74 所示。

图 5-74　Clock Wipe（时钟扫除过渡）

（六）Gradient Wipe（倾斜扫除过渡）

这个过渡效果是将 2 个相邻素材的过渡以依据所选择的图像作渐层过渡的形式来实现的，如图 5-75 所示。

图 5-75　Gradient Wipe（倾斜扫除过渡）

（七）Inset（插入物过渡）

这个过渡效果是将 2 个相邻素材的过渡以图像 B 呈方形从图像 A 的一角插入,并逐渐取代图像 A 的位置的形式来实现的,如图 5-76 所示。

图 5-76　Inset（插入物过渡）

（八）Paint Splatter（油漆飞溅过渡）

这个过渡效果是将 2 个相邻素材的过渡以图像 B 以泼洒涂料方式进入并逐渐取代图像 A 的位置的形式来实现的,如图 5-77 所示。

图 5-77　Paint Splatter（油漆飞溅过渡）

（九）Pinwheel（纸风车过渡）

这个过渡效果是将 2 个相邻素材的过渡以图像 A 以风车转动式消失,露出图像 B,并逐渐取代图像 A 的位置的形式来实现的,如图 5-78 所示。

图 5-78　Pinwheel（纸风车过渡）

（十）Radial Wipe（光线扫除过渡）

这个过渡效果是将 2 个相邻素材的过渡以图像 B 呈光线扫描显示，并逐渐取代图像 A 的位置的形式来实现的，如图 5-79 所示。

图 5-79　Radial Wipe（光线扫除过渡）

（十一）Random Blocks（随机块过渡）

这个过渡效果是将 2 个相邻素材的过渡以图像 A 以随机块反转消失，图像 B 以随机块反转出现，并逐渐取代图像 A 的位置的形式来实现的，如图 5-80 所示。

图 5-80　Random Blocks（随机块过渡）

（十二）Random Wipe（随机扫除过渡）

这个过渡效果是将 2 个相邻素材的过渡以图像 B 从一个边呈随机块扫走图像 A，并逐渐取代图像 A 的位置的形式来实现的，如图 5-81 所示。

图 5-81　Random Wipe（随机扫除过渡）

（十三）Spiral Boxes（螺旋形盒子过渡）

这个过渡效果是将 2 个相邻素材的过渡以图像 B 以旋转盒方式显示，并逐渐取代图像 A 的位置的形式来实现的，如图 5-82 所示。

图 5-82　Spiral Boxes（螺旋形盒子过渡）

（十四）Venetian Blinds（百叶窗过渡）

这个过渡效果是将 2 个相邻素材的过渡以百叶窗式转换，图像 B 逐渐取代图像 A 的位置的形式来实现的，如图 5-83 所示。

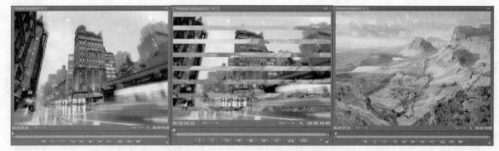

图 5-83　Venetian Blinds（百叶窗过渡）

（十五）Wedge Wipe（楔形扫除过渡）

这个过渡效果是将 2 个相邻素材的过渡以图像 B 从图像 A 的中心呈楔形旋转划入，并逐渐取代图像 A 的位置的形式来实现的，如图 5-84 所示。

图 5-84　Wedge Wipe（楔形扫除过渡）

（十六）Wipe（扫除过渡）

这个过渡效果是将 2 个相邻素材的过渡以图像 B 逐渐扫过图像 A，并逐渐取代图像 A 的位置的形式来实现的，如图 5-85 所示。

图 5-85　Wipe（扫除过渡）

（十七）Zig-Zag Blocks（“之”字形碎块过渡）

这个过渡效果是将 2 个相邻素材的过渡以图像 B 以碎块呈“之”字形出现在图像 A 上，并逐渐取代图像 A 的位置的形式来实现的，如图 5-86 所示。

图 5-86　Zig-Zag Blocks（“之”字形碎块过渡）

十、Zoom（缩放过渡类）

Zoom 类里面包含 4 种过渡类型，如图 5-87 所示。

（一）Cross Zoom（相反缩放过渡）

这个过渡效果是将 2 个相邻素材的过渡以图像 A 放大出去，图像 B 缩小进来，并逐渐取代图像 A 的位置的形式来实现的，如图 5-88 所示。

（二）Zoom（缩放过渡）

这个过渡效果是将 2 个相邻素材的过渡以图像 B 从图像 A 的中心放大出现，并逐渐

图 5-87　Zoom 过渡类型

图 5-88　Cross Zoom（相反缩放过渡）

取代图像 A 的位置的形式来实现的，如图 5-89 所示。

图 5-89　Zoom（缩放过渡）

（三）Zoom Boxes（缩放框过渡）

这个过渡效果是将 2 个相邻素材的过渡以图像 B 以 12 个方框形从图像 A 上放大出现，并逐渐取代图像 A 的位置的形式来实现的，如图 5-90 所示。

图 5-90　Zoom Boxes（缩放框过渡）

（四）Zoom Trails（缩放踪迹过渡）

这个过渡效果是将 2 个相邻素材的过渡以图像 B 从图像 A 的中心放大并带着拖尾出现，并逐渐取代图像 A 的位置的形式来实现的，如图 5-91 所示。

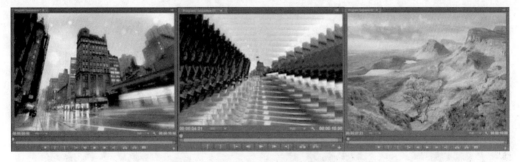

图 5-91　Zoom Trails（缩放踪迹过渡）

小贴士

转　　场

每个视频段落（构成电视片的最小单位是镜头，一个个镜头连接在一起形成的镜头序列）都具有某个单一的、相对完整的意思，如表现一个动作过程，表现一种相关关系，表现一种含义等。

它是电视片中一个完整的叙事层次，就像戏剧中的幕，小说中的章节一样，一个个段落连接在一起，就形成了完整的电视片。因此，段落是电视片最基本的结构形式，电视片在内容上的结构层次是通过段落表现出来的。而段落与段落、场景与场景之间的过渡或转换，就叫作转场。

第三节　关键帧使用技术

一、认识关键帧

顾名思义，关键帧就是非常关键的那一帧。在动画中，将具有重要转折特征的那一帧叫作关键帧,通常这一帧需要改变位置、大小、颜色,或者添加一个特效,使素材产生动画。在确切时间点上指定关键帧,当多个关键帧产生不同数值时会自动计算关键帧之间数值变化,称为"插补"。

关键帧可以进行复制、删除、改变插补模式的操作。

二、激活关键帧

设置动画效果必须激活关键帧属性。首先,单击动画记录按钮 ，然后单击 Add/Remove Keyframe(添加或移除帧)按钮,在当前时间尺上插入一个关键帧就可以进行素材属性的编辑操作,如图 5-92 所示。

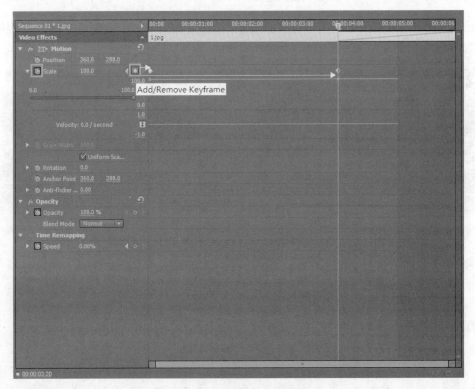

图 5-92　激活插入关键帧

三、关键帧的添加和显示

素材关键帧添加有两种方式。

第一种是 Effect Controls(特效控制)面板中添加删除关键帧和 Timeline(时间线)添加删除关键帧。

第二种是选择一段素材,在 Effect Controls(特效控制)面板中,可以查看当前素材关键帧的位置与效果设置,如图 5-93 和图 5-94 所示。

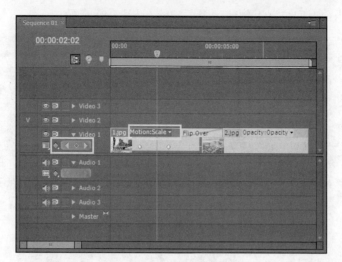

图 5-93　Timeline 面板

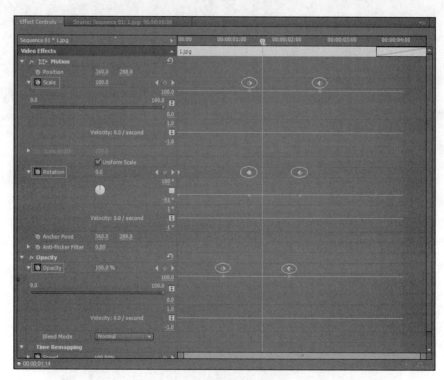

图 5-94　特效控制面板

四、编辑关键帧

选择一段素材,展开 Effect Controls(特效控制)控制面板中的素材默认属性前面的小三角,可以看到 Position(位置)、Scale(缩放)、Rotation(旋转)三个基本参数,单击关键帧设置按钮在当前时间位置上创建一个关键帧,如图 5-95 所示。

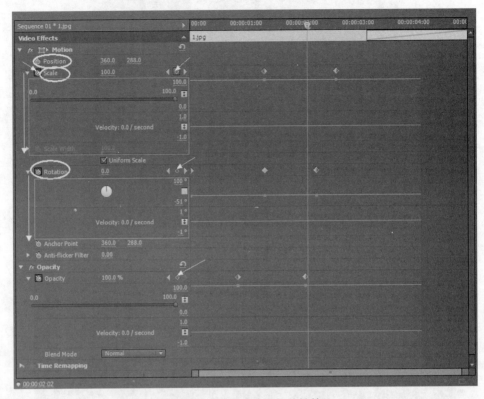

图 5-95　展开属性添加关键帧

这样,对所有关键帧进行的参数设置都会显示在时间线上,通过选择工具 ![] 和钢笔工具 ![] 可以对各个关键帧进行调整。使用选择工具时刻移动关键帧的位置,而钢笔工具对关键帧的操作更加多样。

选择钢笔工具,按住 Ctrl 键可以在选择位置上添加一个关键帧,如图 5-96 所示。

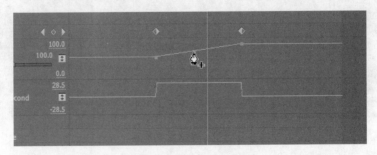

图 5-96　添加一个关键帧

选择钢笔工具,鼠标移动到某个关键帧上,出现图 5-97 所示的蓝框内图样,就可以进行关键帧移动操作。

使用钢笔工具还可以对贝塞尔曲线进行调节,使关键帧之间过渡平滑,按住 Ctrl 键,鼠标移动到某关键帧位置上,如图 5-98 所示。

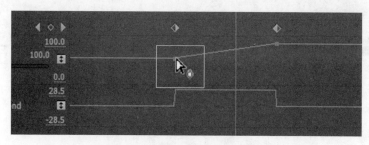

图 5-97　移动关键帧

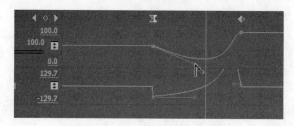

图 5-98　钢笔贝塞尔曲线调节

思考与练习

1. 过渡效果包含哪几个种类？
2. 什么是关键帧，如何编辑关键帧？
3. 过渡效果与关键帧动画作用是什么？

第六章

视频特效制作

（1）掌握添加视频特效的方法；

（2）掌握设置关键帧和参数的方法；

（3）熟练掌握将特效添加到素材的方法；

（4）能够综合运用常用的视频特效。

引言

在动漫后期合成制作过程中，为了丰富画面的视觉效果，需要添加大量的特效。Premiere Pro CS6 软件中内置了许多非常完善的视频特效，可以方便地实现改变画面颜色、画面变形、抠像等特效，后期制作人员可以应用这些特效制作出丰富的视觉效果，使用户可以修补素材的不足并随心所欲地制作出各种绚丽的视觉艺术图像。

第一节　添加视频特效

在 Premiere Pro CS6 中，为某一段选中的视频素材添加视频特效的步骤都是一样的，可以通过以下步骤来实现。

一、选中要添加特效的视频

在 Premiere Pro CS6 中，共为制作者提供 16 组视频特效，特效种类多达 128 种。这些特效就放置在 Effects（效果）面板中的 Video Effects 选项中，如图 6-1 所示。在 Effects 面板中，用户可以对众多的视频特效进行查找、重命名、自定义文件夹等操作，方便了对视频特效的应用。

（一）查找视频特效

在 Effects 面板上有专门的搜索工具栏，在 🔍 后面输入需要的视频特效名称如 Color，则系统会自动挑出带有 Color 字样的特效。

图 6-1　Effects 面板

（二）新建自定义文件夹

用户可以将常用的视频特效集中起来放置,方便快速找到这一特效。具体操作为:右击 Effects(效果)面板的空白处,出现 New Custom Bin(新建自定义文件夹)命令,选择这个命令就可以为自定义的文件夹输入名称,如"我喜欢的特效",然后可以将需要的特效拖入这个文件夹中,如图 6-2 所示。

图 6-2　新建自定义文件夹

二、给选定素材添加特效

在选择需要的特效之后可以用鼠标拖动选中的特效到时间线窗口中的需要添加的素材上,添加的特效可以在 Effect Controls(特效控制)面板中进行参数设定,或者将选定的特效直接拖动到 Effect Controls 面板中,如图 6-3 所示。

图 6-3　在 Effect Controls(特效控制)面板中添加视频特效

三、设置关键帧和参数

视频特效添加到 Effect Controls（特效控制）面板中后，可以在特效相对应的时间线轨道上添加关键帧，改变开始帧和结束帧的参数来制作特效变化的动态效果。

以添加 Spherize（球面化）特效为例，展开特效控制面板中前面的小三角，可以看到如图 6-4 所示的两个特效参数 Radius（半径）和 Center of Sphere（球面中心），选择需要设置的参数，单击 Toggle animation（动画开关）按钮就可以在时间线上创建第一个关键帧，单击 Add/Remove Keyframe（添加/删除关键帧）按钮可以

图 6-4　Spherize（球面化）特效参数

创建时间指针指向位置的关键帧，或者先设定好时间指针停留的位置，然后更改某个参数的数值也可以自动创建一个新的关键帧。

所有关键帧设置完成之后可以在 Program Monitor（节目监视器）中播放观看视频的效果，不同的视频特效产生的动画效果取决于视频特效本身的特性，例如，与颜色有关的视频特效添加关键帧后创建的就是颜色渐变的动画，模糊特效则可制作画面不同模糊程度的动画效果。

第二节　预设特效

为了方便后期制作，Premiere Pro CS6 中自带一些已经设置好参数的预设视频特效，用户可以应用预设特效更有效率地进行特效制作。

一、使用预设特效

预设特效在 Effects（效果）面板中的 Presets（预设）文件夹中，如图 6-5 所示，使用预设特效的方法和使用其他视频特效的方法一样，用鼠标拖动特效到素材上即可，采用预设特效可以有效减少调整参数的过程。

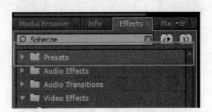

图 6-5　Presets（预设）文件夹

二、保存为预设特效

对于一些常用的特效，用户经过调整之后也可以将该特效保存成预设特效，以方便日后的使用。在 Effect Controls（特效控制）面板中的特效文字上右击，弹出快捷菜单，如图 6-6 所示，选择 Save Preset（保存预设）之后会弹出如图 6-7 所示的对话框，在该对话框中可以为保存的特效命名，在 Description（描述）文本框中输入对这个特效的描述，之后单击 OK 按钮即可将这一特效添加到 Presets 文件夹。

图 6-6　视频特效右键菜单

图 6-7　保存预设效果对话框

第三节　常用视频特效

Premiere Pro CS6 中所提供的大量丰富的视频特效给了制作者极大的创作空间，每一段视频可以根据需要叠加多个视频特效，不同特效的组合可以产生千变万化的最终效果，极大地丰富了 Premiere 软件的表现形式。下面选择一些常用的视频特效进行详细的使用介绍。

一、Adjust（调整）类视频特效

Adjust（调整）类视频特效可以调整选中素材的颜色和亮度、对比度等属性，改变画面的调性，控制画面整体颜色效果。这类特效是使用较为频繁的特效，共包含 9 个特效。

（一）Auto Color（自动颜色）视频特效

Auto Color（自动颜色）视频特效通过调整画面的亮度、色度和对比度来弥补画面色彩方面的不足。该特效的主要参数有 4 个，如图 6-8 所示。

（1）Temporal Smoothing(seconds)：用于设置当前光的运动速度。

（2）Black Clip：用于调整阴影。

（3）White Clip：用于调整高光。

（4）Blend With Original：用于设置层与光和原始素材的混合度。

图 6-8　Auto Color(自动颜色)设置参数

（二）Auto Contrast(自动对比度)视频特效

Auto Contrast(自动对比度)视频特效可以用于调整图像的对比度，以改变素材由于曝光不足等原因导致的偏灰现象，它可以使高光看上去更亮，阴影看上去更暗，该特效的参数与 Auto Color(自动颜色)视频特效的参数基本一致，如图 6-9 所示。

（三）Auto Levels(自动色阶)视频特效

Auto Levels(自动色阶)视频特效自动调整画面中的黑场和白场，将每个颜色中最亮和最暗的部分映射到纯白和纯黑，它的主要参数与前两个特效相同，如图 6-10 所示。

 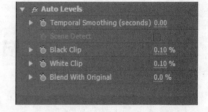

图 6-9　Auto Contrast(自动对比度)设置参数　　　图 6-10　Auto Levels(自动色阶)设置参数

（四）Levels(色阶)视频特效

Levels(色阶)视频特效可以将画面的亮度、对比度及色彩平衡（包括颜色反相）等参数整合在一处，更方便地改善输出画面的画质和效果，如图 6-11 所示。在控制面板中可以选择 RGB 通道或者 R、G、B 每一个单独通道的参数数值，还可通过单击 按钮进入色阶设置的对话框，如图 6-12 所示，更加方便直观地调节参数。对于 Premiere 中许多需要复杂参数设置的视频特效来说，都可以在特效右上方找到 按钮，单击该按钮进入对话框调节参数。

（五）Lighting Effects(灯光效果)视频特效

Lighting Effects(灯光效果)视频特效可以模拟各种灯光的效果，Lighting Effects 的

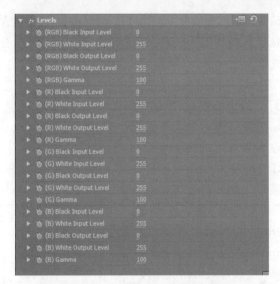

图 6-11　Levels（色阶）参数设置

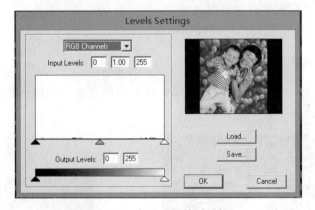

图 6-12　色阶设置的对话框

主要参数如图 6-13 所示，包括以下几项。

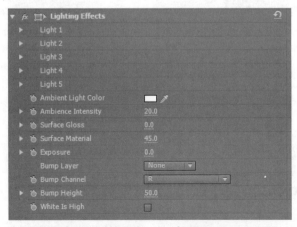

图 6-13　Lighting Effects（灯光效果）参数设置

（1）Light 1～Light 5 表示灯光的数量，可以根据需要添加，其中包含以下几个参数设定。

① Light Type：选择灯的类型，共有三个选项，如图 6-14 所示，分别为 Directional（垂直方向灯）、Omni（泛光灯）、Spotlight（聚光灯）。

② Light Color：选择灯光的颜色。

③ Center：设置灯光的中心位置，单位为像素。

④ Major Radius：设置灯光的最大半径。

⑤ Minor Radius：设置灯光的最小半径。

⑥ Angle：调整灯的角度。

⑦ Intensity：设置灯光的照射强度。

⑧ Focus：可以设置灯光的焦距。

（2）Ambient Light Color：设置环境光的颜色。

（3）Ambience Intensity：设置环境光的强度。

（4）Surface Gloss：设置灯表面的光滑度。

（5）Surface Material：设置灯表面的材料。

（6）Exposure：设置素材光照射的量。

（7）Bump Height：用凹凸控件设置纹理。

（六）ProcAmp（调色）视频特效

ProcAmp（调色）视频特效可以方便地调整画面的亮度、对比度和饱和度等信息，具体包含以下主要参数，如图 6-15 所示。

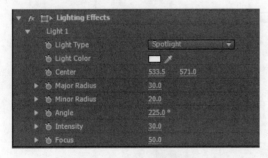

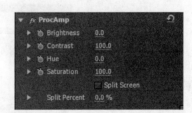

图 6-14　Light 参数设置　　　　图 6-15　ProcAmp（调色）参数设置

（1）Brightness：亮度调节。

（2）Contrast：对比度调节。

（3）Hue：色调调节。

（4）Saturation：饱和度调节。

（5）Split Percent：分离百分比，调整图像受影响的程度。

二、Blur & Sharpen（模糊和锐化）类视频特效

Blur & Sharpen（模糊和锐化）视频特效可以用来模糊和锐化图像。模糊是使视频画

面变得不清晰,锐化是使不清晰的图像在一定程度上将边缘变清晰。这类视频特效也属于比较常用的特效,主要包含 10 个特效。下面介绍其中最常用的 4 个特效。

图 6-16 Blur & Sharpen(模糊和锐化)视频特效

(一) Camera Blur(照相机模糊)视频特效

Camera Blur(照相机模糊)视频特效是模拟照相机失焦或景深之外景物模糊效果的一种特效,只有一个 Percent Blur 参数可以调节,数值越高,模糊效果越明显,应用照相机模糊后的效果如图 6-17 所示。

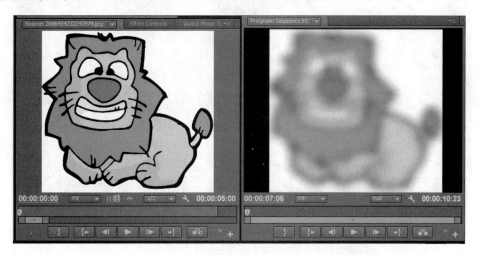

图 6-17 Camera Blur(照相机模糊)视频特效应用前后对比

(二) Directional Blur(定向模糊)视频特效

Directional Blur(定向模糊)视频特效在图像中产生一个具有方向性的模糊感,从而产生一种运动的幻觉。这一特效包含两个参数:Direction(方向)指定模糊的方向;Blur Length(模糊长度)参数则指定图像模糊程度。应用 Directional Blur 的效果如图 6-18 所示。

(三) Gaussian Blur(高斯模糊)视频特效

Gaussian Blur(高斯模糊)视频特效通过高斯运算的方法修改明暗分界点的差值使图

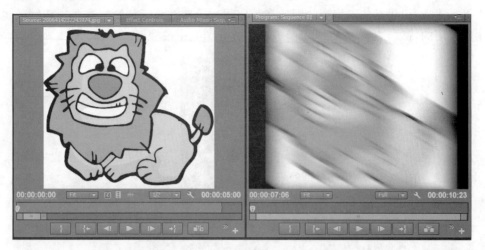

图 6-18　Directional Blur（定向模糊）视频特效应用前后对比

像模糊，它可以将比较锐利的画面呈现为一种雾状的效果，高斯模糊是后期制作最为常用的一种模糊形式。应用 Gaussian Blur 的效果如图 6-19 所示。

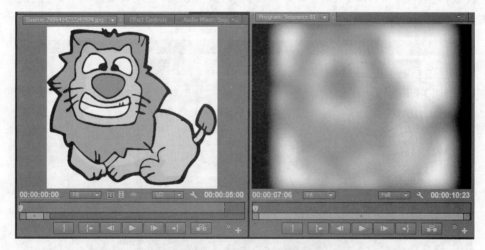

图 6-19　Gaussian Blur（高斯模糊）视频特效应用前后对比

（四）Sharpen（锐化）视频特效

Sharpen（锐化）视频特效可以使画面中相邻像素之间产生明显的对比效果，使图像显得更清晰，这一特效只有一个参数 Sharpen Amount（锐化值），Sharpen Amount 数值越大图像边缘越清晰，效果如图 6-20 所示。

三、Color Correction（色彩校正）类视频特效

Color Correction（色彩校正）类视频特效主要用来校正视频素材中的颜色，可以通过对色彩平衡、亮度、对比度、色相、饱和度等参数的精确控制和调整，让画面传达出视频制

图 6-20　Sharpen(锐化)视频特效应用前后对比

作者的意图。Color Correction 中共有 17 个特效,如图 6-21 所示。下面主要介绍几个常用特效。

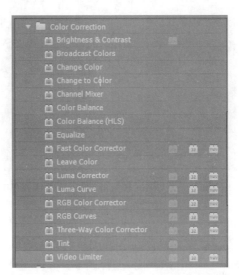

图 6-21　Color Correction(色彩校正)类视频特效

(一) Brightness & Contrast(亮度与对比度)视频特效

Brightness & Contrast(亮度与对比度)视频特效通过改变画面的亮度和对比度来调整效果,如图 6-22 所示。

图 6-22　Brightness & Contrast(亮度与对比度)视频特效调节参数

（二）Broadcast Colors（广播级色彩）视频特效

Broadcast Colors（广播级色彩）视频特效可以按照广播级别的色彩进行校正，让画面更适合在电视中播放，如图 6-23 所示。

图 6-23　Broadcast Colors（广播级色彩）视频特效调节参数

这一频特效下可以选择所播放电视的制式，NTSC 是北美地区和日本的电视制式，PAL 是中国、德国、澳大利亚的电视制式。

（三）Change to Color（转换到颜色）视频特效

Change to Color（转换到颜色）视频特效可以实现把在画面中所选中的一种颜色转换成另一种颜色，图 6-24 所示为将图像中的红色转换成粉红色。

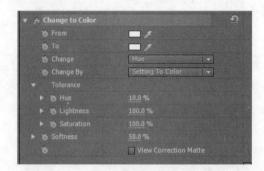

图 6-24　Change to Color（转换到颜色）视频特效调节参数

先在 From 选项下选择要替换的颜色，可用颜色拾取器选择颜色，或者用 🖋 工具在画面上选择，再在 To 选项选择目标颜色。在 Tolerance 中还可以对画面调整后的 Hue（色相）、lightness（明度）和 Saturation（饱和度）进行调节。

（四）Color Balance（色彩平衡）视频特效

Color Balance（色彩平衡）视频特效可以通过调整 RGB 颜色的分配比例来改变画面色调，可以实现对不同亮调、中调、暗调红、绿、黄颜色分别调节，同时还具有亮度保护功能，调节参数如图 6-25 所示。

（五）Color Balance（HLS）（色彩平衡 HLS）视频特效

Color Balance（HLS）（色彩平衡 HLS）视频特效与 Color Balance 实现的效果类似，通过图像的 Hue（色相）、lightness（明度）和 Saturation（饱和度）来调节图像的色彩效果，如图 6-26 所示。

图 6-25 Color Balance(色彩平衡)视频特效调节参数

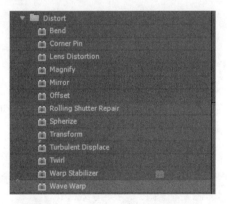

图 6-26 Color Balance(HLS)(色彩平衡 HLS)视频特效调节参数

四、Distort(扭曲)类视频特效

Distort(扭曲)类视频特效可以让视频画面产生变形和扭曲,这一类别共包含 13 个特效,如图 6-27 所示。下面主要介绍两个常用特效。

图 6-27 Distort(扭曲)类视频特效

(一)Bend(弯曲变形)视频特效

Bend(弯曲变形)视频特效可以使视频画面在不同方向上发生弯曲变形,添加特效后,可以单击 按钮进入 Bend 设置界面,如图 6-28 所示。在 Bend 设置界面中,可以设置 HorizontaI(水平方向)和 Vertical(垂直方向)的参数,包括 Direction(波形移动方向)、Wave(波形)、Intensity(变形强度)、Rate(速率)和 Width(宽度)。应用特效的效果如图 6-29 所示。

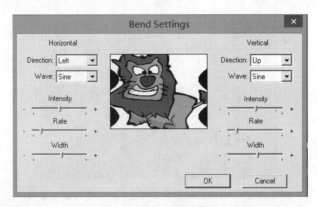

图 6-28　Bend 设置界面

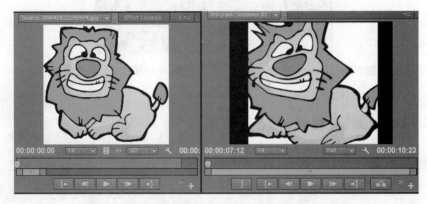

图 6-29　Bend(弯曲变形)视频特效应用前后效果对比

(二) Mirror(镜像)视频特效

　　Mirror(镜像)视频特效能够复制当前画面制造镜像效果,并与原始画面共同组合成一个新的画面,如图 6-30 所示。Reflection Center(镜像中心)可以确定镜像中心点在画面上的位置,Reflection Angle(镜像角度)可以调节镜像和原图之间的角度,如图 6-31 所示。

图 6-30　Mirror(镜像)视频特效应用前后效果对比

图 6-31　Mirror（镜像）视频特效应用前后对比

五、Generate（生成）类视频特效

Generate（生成）类视频特效可以让画面产生许多非常有趣的效果，如 4 色渐变、蜂巢图案等，如图 6-32 所示，Generate 类特效中共有 12 个视频特效可供选择。下面主要介绍 3 个常用特效。

图 6-32　Generate（生成）类视频特效

（一）4-Color Gradient（4 色渐变）视频特效

4-Color Gradient（4 色渐变）视频特效可以在同一个画布上创建一个 4 色渐变，使图像显示出多彩的效果，设置参数和效果如图 6-33 所示。

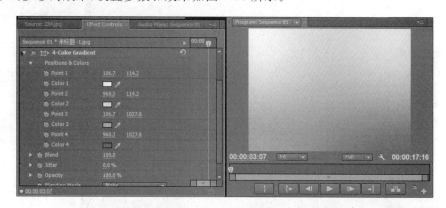

图 6-33　4-Color Gradient（4 色渐变）视频特效

（二）Lens Flare（镜头光晕）视频特效

Lens Flare（镜头光晕）视频特效可以模拟相机镜头拍照产生的光晕效果，如图 6-34

所示,设置菜单中的 Flare Center(光晕中心)用来设置光晕中心点的位置,Flare Brightness(光晕亮度)用来调整光晕的亮度百分比,Lens Type(镜头类型)可以模拟不同焦距镜头产生的光晕效果,Blend With Original(与原始图像混合)可以控制光晕在画面上的透明度,如图 6-35 所示。

图 6-34　Lens Flare(镜头光晕)视频特效应用前后效果对比

(三) Lightning(闪电)视频特效

Lightning(闪电)视频特效可以在画面上添加一个闪电效果,如图 6-36 所示。用户可以通过 Start point 和 End point 设置闪电开始点和结束点的位置,用 Segments(分段)确定闪电的分段数,用 Amplitude(振幅)设置闪电的波动幅度,用 Width(宽度)设置闪电的粗细程度,制作效果如图 6-37 所示。

图 6-35　Lens Flare(镜头光晕)视频特效

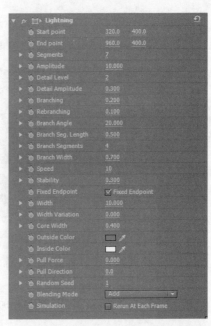

图 6-36　Lightning(闪电)视频特效

图 6-37 Lightning(闪电)视频特效应用前后效果对比

六、Image Control(图像控制)类视频特效

Image Control(图像控制)类视频特效也是调整画面颜色效果的特效,共包含 5 个特效,如图 6-38 所示。下面主要介绍两个常用特效。

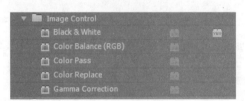

图 6-38 Image Control(图像控制)类视频特效

(一) Black & White(黑白)视频特效

Black & White(黑白)视频特效能够将彩色视频画面变成黑白画面,该特效没有可控的参数,直接添加到视频上即可。

(二) Color Balance(RGB)(颜色平衡)视频特效

Color Balance(RGB)(颜色平衡)视频特效可以分别调整图像中的红、绿、蓝三原色的数值,从而改变颜色之间的配比,改变画面色调,如图 6-39 所示。

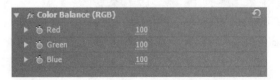

图 6-39 Color Balance(RGB)(颜色平衡)视频特效

七、Keying(键控)类视频特效

Keying(键控)类视频特效可以创建各种抠像层和背景层叠加的效果,从而实现两个画面有机结合在一起的混合效果,如图 6-40 所示,这一类别共有 15 个特效。

图 6-40　Keying(键控)类视频特效

Alpha Adjust(Alpha 调整)视频特效可以对包含 Alpha 通道的图像创建透明效果,如图 6-41 所示,Alpha 通道是为剪辑定义透明区域的通道,其文件可以由其他平面或三维图形软件创建,一般是一个通过灰度颜色指定透明度的蒙版。其制作过程和效果如图 6-42 所示。

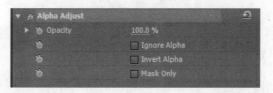

图 6-41　Alpha Adjust(Alpha 调整)视频特效

Alpha通道　　　　　　　原始图片　　　　　　与背景合成效果

图 6-42　Alpha Adjust 制作过程和效果

思考与练习

1. 如何快速找到所需的视频特效？
2. 如何将调整后的特效保存为预设特效？
3. 各种模糊特效之间有哪些区别？

第七章

多轨叠加合成

学习目标

　　(1) 熟悉轨道编辑与叠加效果；
　　(2) 了解视频叠加合成的原理；
　　(3) 学习数字化影视动漫的后期合成原理和优势；
　　(4) 掌握多轨叠加合成的方法。

引言

　　本章将详细介绍 Timeline(时间线)轨道设置及视频叠加制作,并演示呈现了多轨叠加合成制作流程。

第一节　多轨道视频编辑

　　多轨道视频特效主要指混合特效和纹理特效。混合特效是指定当前 Timeline(时间线)面板中一个轨道的图形图像作为另一个轨道素材的融合层,产生各种融合效果,如图 7-1 所示。纹理特效是在一个轨道素材上显示另一个轨道素材的纹理。通过混合特效和纹理特效,可以将不同视频轨道上的素材混合到一起,得到合成效果,如图 7-2 所示。

图 7-1　混合效果

图 7-2 纹理效果

一、认识视频轨道

视频轨道是实现非线性编辑最主要的操作窗口,它提供的各种工具可以使用户自如地组接、处理各种片段,任意调整片段的属性,还可以尝试各种不同的编辑效果。

二、轨道的锁定和隐藏

(一)锁定轨道

可以在进行其他工作时不改变特定轨道上的所有片段,被锁定的轨道不可能作为目标轨道,原始片段也就不被放入被锁定的轨道,被锁定轨道上的片段仍然包括在预演和输出节目中,视轨及相连的音轨不能被同时锁定,需要单独锁定,但可以锁定一个单独的片段。

锁定的方法很简单,默认情况下每条轨道前方有一个空白小方块,单击出现一个小锁头的图标🔒,表明当前轨道已经被锁定,如图 7-3 所示。

(二)隐藏轨道

隐藏轨道的目的是使时间线上的素材效果便于在 Program Monitor(节目监视器)中进行观察,因为默认情况下高一级的轨道总是以 100% 的透明度显示在节目监视器中,会将低一层的轨道中的素材遮盖住。

Video 1 轨道与 Video 2 轨道同时存在时,在 Program Monitor(节目监视器)中会显示 Video 2 中的视频,如果对 Video 2 中的素材进行透明度的设置,此时 Video 1 中的素材便会显示出来,这时在 Program Monitor(节目监视器)中观察会十分混乱,有必要对

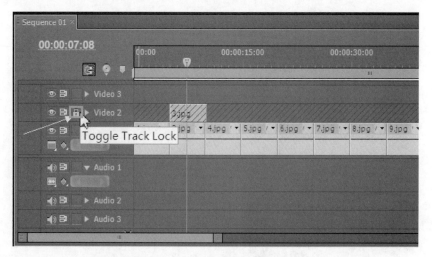

图 7-3　锁定解锁轨道

Vedio 1 中的素材进行隐藏。

隐藏方法就是单击轨道前方的图标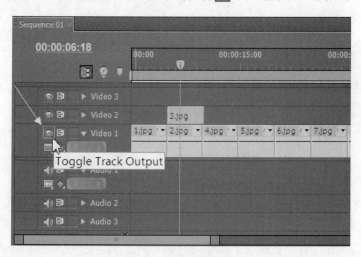，此轨道上的图像就不会出现在 Program Monitor(节目监视器)中。恢复显示再次单击图标即可，如图 7-4 所示。

图 7-4　隐藏显示轨道

三、轨道的添加和删除

当需要在时间线上显示多条视频或者音频轨道时，可以通过右击任意轨道名称，默认情况下轨道数量为音频和视频各三条，名称为 Video 1、Video 2、Video 3 和 Audio 1、Audio 2、Audio 3。右击任意轨道名称会弹出快捷菜单，菜单内容分别为 Rename(重命名)、Add Tracks(添加轨道)、Delete Tracks(删除轨道)，如图 7-5～图 7-7 所示。

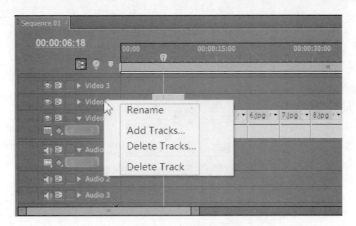

图 7-5　快捷菜单

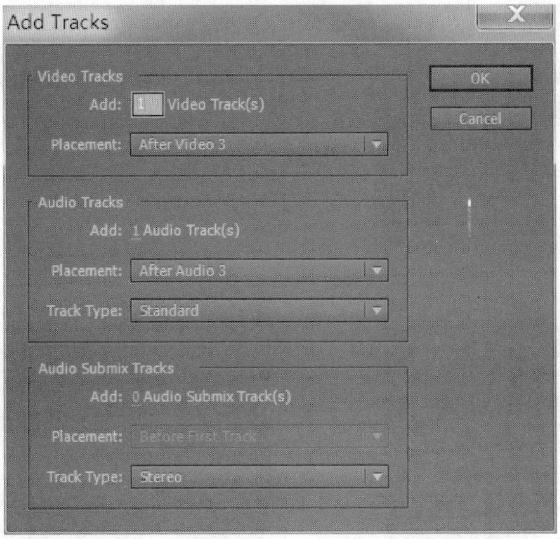

图 7-6　添加轨道

图 7-7　删除轨道

第二节　视频的叠加特效

一、认识叠加特效

　　叠加合成应用在电视制作中叫作"抠像"，又称键控（Keying），如图7-8所示，而在电影制作中被称为"遮罩"（Matting），它利用各种方法将一个素材叠加到另一个素材上。其作用是使位于上部的被叠加素材成为完全或部分透明的素材，这样可以使位于底部的背景素材在回放时与被叠加素材同时显示。

　　在编辑素材时，经常会把两种或两种以上的素材叠加放置，如图7-9所示。为了不让上面的素材完全挡住下面的素材，且把下面的素材作为背景使用时，就要牵扯到叠加的应用。要想给素材施加效果，就必须知道叠加的使用特点。

图7-8　键控菜单

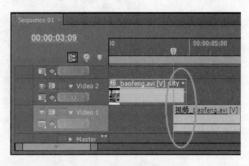

图7-9　叠加素材轨道

　　首先，叠加效果的产生必须有两个或两个以上的素材出现；其次，将想要叠加的素材放到叠加轨迹上。背景素材可位于视频主轨（即切换特技可以作为背景素材）或叠加轨道上（即位于较低层的叠加轨道上的素材，可以作为位于较高层的叠加轨素材的背景素材，其中层数的高低以阿拉伯数字的大小来表示），然后再添加透明度或明暗度，以便时间线窗口中较低轨迹上的素材能部分显示。如果不将透明度应用于最高轨迹中的素材，则在预览或播放最终电影时，位于其下方的素材将不能显示出来。

二、叠加制作方法与轨道透明

　　叠加特技的过程是这样的，首先合成视频主轨上的素材，包括转场效果，然后将被叠加的素材叠加到背景素材中去。在叠加过程中首先合成叠加较低层轨道的素材，然后再以合成叠加后的素材为背景来叠加较高层的素材，这样在叠加完成后，最高层的素材位于叠加画面的顶层。

透明（Opacity）的素材必须放置在其他素材剪辑上，也就是将想要叠加的素材放在叠加轨道 Video 2 上或者更高的视频轨道上，如图 7-10 所示。

图 7-10　轨道透明

背景素材可以放在视频主轨 Video 1、Video 2、转场切换轨道 Transition 上（转场过程也可以作为背景）或者将要叠加的素材所在低层的轨道上，也就是说较低层叠加轨道上的素材可以作为较高层叠加轨道上素材的背景。

注意要对最高层轨道上的素材设置透明度，如图 7-11 所示，否则位于其下方的素材不能显示出来。

图 7-11　轨道上的透明度（Opacity）

选择 Effect Controls（特效面板）中 Opacity（透明度）下的 Blend Mode（混合模式），如图 7-12 所示，参数的详细内容这里就不一一进行说明了。

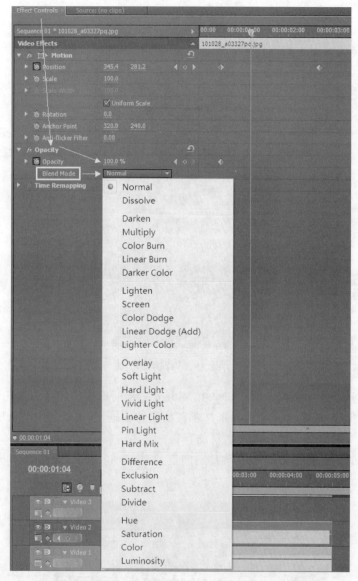

图 7-12　Blend Mode（混合模式）

三、叠加特效类别

（一）混合叠加和淡化叠加

叠加特效可以简单分为混合叠加和淡化叠加两种，混合叠加是将素材的一部分叠加到另一个素材上。因此作为前景的素材最好有单一的底色，并且与需要保留的叠加部分对比鲜明,这样,可以很容易地将底色变为透明,再叠加到作为背景的素材上。背景素材在前景素材的透明处可见,使得前景素材的保留部分好像本来就属于背景素材,这就形成了一种混合,如图 7-13 所示。

淡化叠加指通过调节整个前景素材的透明度,使它逐渐暗淡,同时背景素材逐渐显现出来,达到一种朦胧效果。只能对在可重叠轨道上的素材应用叠加处理,默认时,每一个新建项目都包括一个可重叠轨迹,即 Video 2 轨迹,如图 7-14 所示。

图 7-13 混合叠加

图 7-14 淡化叠加

(二)使用"键控"特效遮罩背景

Premiere 是通用的非线性编辑软件,巧妙地应用 Effect Controls(特效控制)面板中的 Keying 功能,并与其他特效配合,同样能达到较好的素材抠像及叠加效果,如图 7-15 所示。

图 7-15 Keying 键控

下面以 Keying(键控)、Blue Screen Key(蓝屏键控)为例来演示蓝屏抠像叠加效果。双击 Project(工程)面板,导入两段素材,有蓝色的素材拖放至 Timeline(时间线)轨道 Video 2 中,背景素材放在轨道 Video 1 中,如图 7-16 所示。

选择 Video 2 中素材,在 Effects(特效)面板中的 Video Effects(视频特效)下的

图 7-16　导入蓝背景素材到 Video 2 中

Keying（键控）中，将 Blue Screen Key（蓝屏键控）拖放至 Effect Controls（特效控制）面板中，如图 7-17 所示。

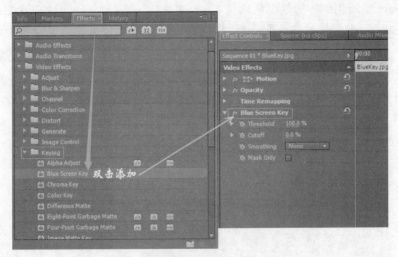

图 7-17　添加蓝屏键控

　　监视器中默认效果如图 7-18 所示，为了得到更好的抠像效果，调整 Blue Screen Key（蓝屏键控）属性，可调节的参数分别为 Threshold（阈值）、Cutoff（截断）、Smoothing（平滑）、Mask Only（只有遮罩），如图 7-19 所示。

　　将所有参数调节到蓝色被最大化去除，同时又能最大保留主体图像，主要调整 Threshold（阈值）和 Cutoff（截断）来计算蓝色信息部分，以便看到 Video 1 素材，调整参数后效果如图 7-20 所示。

图 7-18 添加 Blue Screen Key（蓝屏键控）默认效果

图 7-19 蓝屏键控参数

图 7-20 设置蓝屏键控参数

小贴士

抠 像

　　"抠像"也叫"键控"，英文为 Key，意思是吸取画面中的某一种颜色范围作为透明色，将它从画面中抠去，从而使背景层透出来，形成多层画面的叠加合成，形成神奇的艺术效果。

四、制作一个透明叠加效果

　　启动 Premiere Pro CS6，弹出欢迎界面，单击"新建"按钮，创建 New Project（新工程），双击 Project（工程面板），导入两张素材图片，分别拖放到时间线 Video 1、Video 2 轨道中，如图 7-21 所示。

图 7-21　拖放素材到时间线轨道中

Video 1 中的素材作为背景使用，Video 2 中的素材作为前景，默认情况下监视预览效果如图 7-22 所示。

图 7-22　监视器预览效果

首先，调整 Video 2 中素材比例，选择 Video 2 中素材，在 Effect Controls（特效控制）面板中单击 Motion（运动）按钮，在监视器窗口中素材边缘出现可操作边框，如图 7-23 所示。

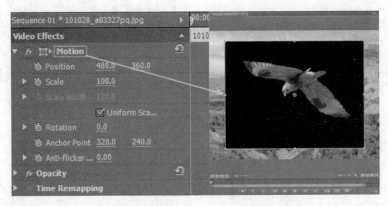

图 7-23　调整 Video 2 素材比例

为 Video 2 素材添加 Color Key（颜色键控），Color Key 具体参数分别是 Key Color（键控色）、Color Tolerance（色彩宽容度）、Edge Thin（边缘变薄）、Edge Feather（边缘羽化）。颜色键控的作用是可以使与指定颜色接近的颜色区域变得透明，显示下层轨道的画面。最后效果如图 7-24 所示。

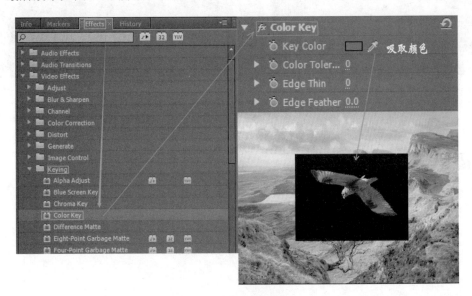

图 7-24　颜色键控效果

最后把素材激活为关键帧，通过多个关键帧控制素材运动轨迹，Position（位置）记录动画，如图 7-25 所示，Scale（缩放）记录动画，如图 7-26 所示，一段苍鹰在群山中飞翔的叠加合成特效就制作完成了。

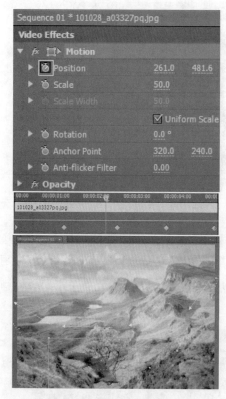

图 7-25　Position（位置）记录动画

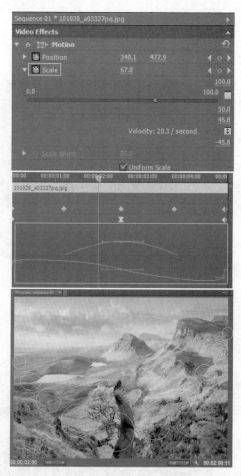

图 7-26　Scale（缩放）记录动画

📝思考与练习

1. Timeline 轨道作用是什么？
2. 什么是叠加特效？
3. 多轨叠加合成的制作流程是什么？

第八章

字幕处理

学习目标

(1) 了解创建字幕的方法；

(2) 熟悉字幕窗口中的各项编辑功能；

(3) 熟练设置各种字幕效果；

(4) 掌握保存和使用字幕模板的方法。

引言

字幕作为一种视觉元素在影视作品的制作中具有非常重要的作用，它大体上包括文字和图形两个部分。比如，为影片中的人物对话配上字幕、为影片的开头加上标题、为影片的结尾加上创作人员名单等信息，还可以在字幕窗口中制作自己需要的复杂图形。

在传统的专业影视制作中，需要使用专门的字幕机来完成上述任务。而 Premiere 非线性编辑软件用户则可以通过软件中自带的字幕编辑器来制作和添加需要的字幕文件。

第一节　创建字幕

在 Premiere Pro CS6 中，字幕的编辑是在专门的字幕窗口中完成的，如图 8-1 所示。在字幕窗口中可以制作和编辑不同效果的静态或动态的字幕，可以对字幕的参数进行设定以获得不同的效果。

字幕窗口可以用来制作文字和图形，其中还包含有制作字幕文件的一些常用的工具和基本参数的设置。与字幕窗口一起出现的还有 Title(字幕)菜单。利用 Title(字幕)菜单中的命令就可以随心所欲地制作出丰富多彩的字幕表现形式。

字幕在字幕窗口中创建之后会作为一个扩展名为 .prtl 的素材文件被添加到项目窗口，用户可以将其插入时间线窗口中与其他视频素材叠加使用。在时间线窗口中，一个字幕素材就相当于一个静止的图片素材。用户可以像编辑其他图片一样为字幕添加特效和转场等效果。

创建一个字幕可以通过以下三种方法。

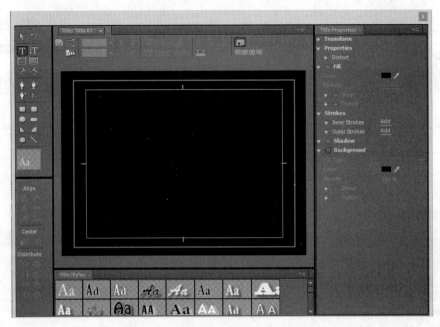

图 8-1　字幕窗口

第一种方法是在 Title 菜单中选择 New Title(新建字幕)，在 Premiere Pro CS6 中可以选择的字幕形态有 Default Still(默认静态)字幕、Default Roll(默认滚动)字幕和 Default Crawl(默认爬行)字幕，如图 8-2 所示。

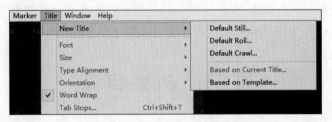

图 8-2　New Title 菜单

选择一个新建类型之后会弹出新建参数对话框，如图 8-3 所示，该对话框中可以设置新建字幕的宽度和高度，并为新建的字幕文件取名，单击 OK 按钮进入字幕窗口。

图 8-3　新建字幕对话框

第二种方法是在项目窗口中右击打开快捷菜单,可以选择 New Item(新项目)级联菜单中的 Title(字幕)命令,如图 8-4 所示,也会打开新建字幕对话框。

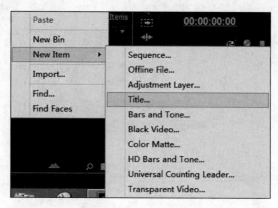

图 8-4 New Item 菜单

第三种方法是选择 File(文件)菜单,在 New(新建)下拉菜单中选择 Title(字幕)命令,如图 8-5 所示。

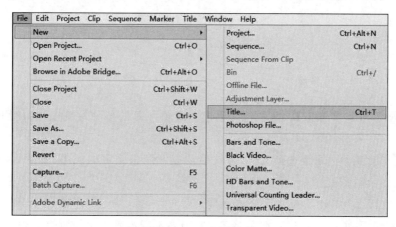

图 8-5 New 下拉菜单

第二节 字幕窗口编辑操作

新建一个字幕文件之后,字幕窗口在打开时会将目前时间指针所在的一帧画面作为字幕编辑的背景,方便放置字幕位置并观看编辑后效果,如图 8-6 所示。

在字幕窗口中,左侧上方是 Title Tools(字幕工具)区,左侧下方为 Title Actions(字幕动作)区,右侧为 Title Properties(字幕属性)区,上侧和中间为字幕编辑工作区,下侧为 Title Types(字幕样式)区。在开始编辑字幕之前有必要对各个区域的基本工具进行了解。

图 8-6　字幕窗口各工作区

一、字幕工具介绍

在 Title Tools(字幕工具)区中包含创建和编辑字幕的各种常用工具,使用这些工具可以创建字幕和各种图形,工具区内包含如下按钮。

(1) 选择工具:用于选择文字,方便移动或者调整文字的大小、属性等,配合 Shift 键可以选择多个对象。

(2) 旋转工具:用于旋转文字或图形。

(3) 水平文字工具和垂直文字工具:用来选择沿着水平或垂直方向创建文字。

(4) 水平文本框工具和垂直文本框工具:用来选择沿着水平或垂直方向创建可以换行的多行文字。

(5) 水平路径输入工具和垂直路径输入工具:用来绘制水平文字或垂直文字的排列路径。

(6) 钢笔工具:将所绘制的路径用于定位的控制点,即锚点。单击钢笔工具,将光标移动到路径上就可以对锚点的位置进行调整。

(7) 删除锚点工具:将文本路径上的锚点删除。

(8) 添加锚点工具:在文本路径上添加锚点。

(9) 转换锚点工具:改变文本路径的平滑程度,通过单击锚点激活两个控制杆,用来调节路径的曲线。

(10) 这几个工具依次用来创建矩形、圆角矩形、切角矩形、圆矩形、三角形、扇形、椭圆形和直线,在创建的这些图形中,通过字幕属性区的功能改变图形的线条颜色、填充颜色、阴影等效果。

二、输入文字

打开新建的字幕窗口,默认情况下会自动选中水平文字输入工具,将光标移动到编辑区中,选择需要输入文字的区域单击,就建立了一个水平文本的输入点,可以输入相应文字,如图 8-7 所示。

图 8-7　文字输入及初步调整

输入文字后可以通过上方的工具按钮对字幕文字的字体、字号、字间距、对齐方式等进行初步调整。上方工具栏包含如下功能。

(1) 基于当前字幕新建一个字幕:这个工具可以复制一个和当前设置一样的字幕文件,当需要创建两个格式一样的字幕时可以使用这个功能,复制创建的字幕中的文字呈现同样的字体字号和文本内容,只需要根据需要修改文字信息就可以保持两个字幕风格的统一。

(2) 创建字幕类型:单击这个按钮会弹出对话框,包含以下功能设置。

Still(静态字幕):字幕静止不动。

Roll(从下到上的滚动字幕):字幕由上向下滚动。

Crawl Left(从右到左爬行字幕):字幕由右向左滚动。

Start Off Screen(开始于屏幕外):让滚动字幕效果从屏幕外开始。

End Off Screen(结束于屏幕外):让滚动字幕效果在屏幕外结束。

Preroll(预卷):如果希望文字在动作开始之前保持静止状态,可以在文本框中输入希望保持静止状态的帧数。

Ease-In(缓入):如果希望字幕运动速度逐渐增加,可以输入加速过程的帧数。

Ease-Out(缓出)：如果希望字幕运动速度逐渐减小，可以输入减速过程的帧数。

Postroll(后卷)：如果希望文字在动作结束后保持一段时间的静止，可以输入保持静止状态的帧数。

（3）调节字体大小：可以对字体的大小进行精确的设定，用鼠标在数字上拖动也可以实现快速设置。

（4）字间距：可以对文字之间的距离进行精确的设定。

（5）文字对齐方式：从左至右分别为左对齐、居中、右对齐。

（6）字幕背景显示：制作字幕时，默认状态下显示的背景是时间线上的指针所在的位置的画面，单击此按钮可以隐藏背景画面。

（7）时间点指示：显示所编辑位置的 SMPTE 时码，显示格式为 h：m：s：f，即小时：分钟：秒：帧数。

（8）Template 模板：可以添加新模扳和使用系统自带的字幕模板。

在文字输入状态下，中间的字幕编辑工作区有两个安全框，在进行字幕编辑时，应尽量把文字信息安排在安全框内，如果超出安全框则有可能在播出时被裁切，无法显示。

三、设置字幕效果

输入字幕文本之后，可以在右侧的 Title Properties(字幕属性)区进行参数调整，给字幕加上各种丰富多彩的视觉效果。字幕属性区的功能很强大，包括以下几个模块。

（一）Transform 转换属性

转换属性主要用来设置选中的文本的透明度、位置、文字高度和宽度，还可以为文字设置旋转角度，如图 8-8 所示。

（1）Opacity(透明度)：用于设置选中文字的透明度，不透明的状态下值为 100%，完全透明状态下值为 0。

（2）X Position(Y 轴位置)：用于设置选中文本在 X 轴方向的位置，数值越大越靠画面右边，数值越小越靠近画面左边。

（3）Y Position(Y 轴位置)：用于设置选中文本在 Y 轴方向的位置，数值增大字幕向下移动，数值减小字幕向上移动。

图 8-8 Transform 转换属性

（4）Width(宽度)、Height(高度)：用来精确定位字幕文本的宽度和高度值。

（5）Rotation(旋转)：将选中文本旋转一定的角度，可以通过调整数值或调节下拉菜单中的指针来实现。

（二）Properties 属性设置

属性设置区域主要用来设置字幕文本的一些基本属性，如字体、大小、行距等，如

图 8-9 所示。

（1）Font Family(字体)：单击下拉按钮可以选择字体的类型。

（2）Font Style(字体样式)：可以显示当前选中文本的字体样式。

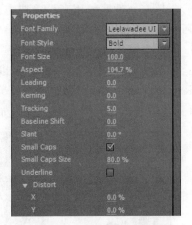

图 8-9　Properties 属性设置

（3）Font Size(字号大小)：设置字号的大小，可用鼠标拖曳数字，也可以直接输入数值。

（4）Aspect(纵横比)：用来设置选中文本的缩放，改变横向和纵向的比例。

（5）Leading(行间距)：用来设定文本行与行之间的距离。

（6）Kerning(字间距)：用来设定选中文本的字与字之间的距离，或者调整光标所在前后两个文字之间的距离。

（7）Tracking(轨迹)：使全部文字之间的距离改变。

（8）Baseline Shift(基线位移)：用来设置文字偏移基线的位置。

（9）Slant(倾斜)：设置文字倾斜角度，数值越大倾斜角度越大。

（10）Small Caps(小写字母变大写字母)：选中该复选框则在英文输入状态下输入的小写字母全部转换为大写字母。

（11）Small Caps Size(小写字母变大写后的尺寸)：用于改变小写字母变大写字母后的尺寸，当数值为 100％时，与大写字母的大小相同；当数值小于 100％时，相对开头的大写字母要小，Small Caps Size 只有在 Small Caps 小写字母变大写字母被选中的前提下有效。

（12）Underline(下划线)：为选中文本添加下划线。

（13）Distort(扭曲)：通过改变 X 轴和 Y 轴的数值改变选中文本的外观，产生扭曲的效果，如图 8-10 所示。

图 8-10　字幕扭曲效果演示

（三）Fill 填充属性

填充属性区域用来设置选中文本的颜色类型、透明度、光泽和纹理等参数，如图 8-11 所示。

1. Fill Type（填充模式）

在填充模式下拉列表中可以选择 Solid（实色填充）、Linear Gradient（线性渐变）、Radial Gradient（放射渐变）、4 Color Gradient（4 色渐变）、Bevel（斜角边渐变）、Eliminate（无色填充）、Ghost（鬼影设置），如图 8-12 所示。

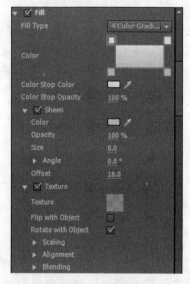

图 8-11　Fill 填充属性

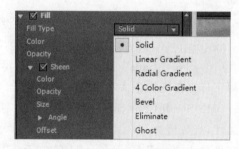

图 8-12　Fill Type（填充模式）

（1）Solid（实色填充）

选择实色填充后文字为单一色，可以单击 Color 后面的拾色器选取文字颜色，也可以用吸管按钮拾取合适的颜色，还可以为颜色设置 Opacity 值，100％为不透明，值为 0 时表示全透明，如图 8-13 所示。

（2）Linear Gradient（线性渐变）

可以创建两个颜色的渐变效果，通过拾色器选择渐变的两个颜色，通过调整 Angle 改变渐变方向，如图 8-14 所示。

图 8-13　Solid（实色填充）

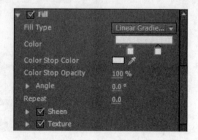

图 8-14　Linear Gradient（线性渐变）

（3）Radial Gradient（放射渐变）

与线性渐变比较相似，不同的是形成的渐变效果比较像一个圆形从中心展开，如图 8-15 所示。

（4）4 Color Gradient（4 色渐变）

这个功能允许在字母的四角各设一种颜色，可以产生颜色不同的渐变效果，如图 8-16 所示。

图 8-15　Radial Gradient（放射渐变）

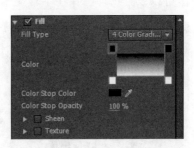

图 8-16　4 Color Gradient（4 色渐变）

（5）Bevel（斜角边渐变）

用来制作带有斜角效果的文字，为文字选择 Highlight Color（高光颜色），然后选择 Shadow Color（阴影颜色），调节 Balance（平衡值）会更改高光和阴影的值，比如，增加高光就会相应减少阴影，反之亦然。

通过调整 Light Angle（光线角度）还可以设定打光的方向，如图 8-17 所示，经过以上设置，将获得立体的浮雕效果。

（6）Eliminate（无色填充）

无色填充与 Ghost（鬼影设置）的填充效果比较类似，都是只对阴影边缘进行显示，而对文字实体不进行填充，此项设置必须和加边设置连在一起用，如图 8-18 所示。

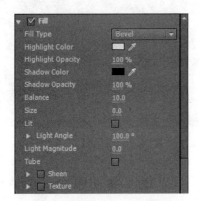

图 8-17　Bevel（斜角边渐变）

图 8-18　Eliminate（无色填充）

（7）Ghost（鬼影设置）

与 Shadow 连在一起用时文字会变成阴影中所设定的颜色，如果不选中 Shadow 复选框则和 Eliminate(无色填充)的效果一样。

2. Sheen(辉光效果)和 Texture(纹理效果)

在填充模式的每一个选项中,都可以选择添加 Sheen(辉光效果)和 Texture(纹理效果)。

Sheen(辉光效果)可以为文本添加辉光效果,并可以单独设置辉光的颜色、透明度、大小、角度和位置,如图 8-19 所示。

Texture(纹理效果)可以在文字表面添加纹理,通过单击 Texture 按钮选择一个纹理图片,可以设置纹理图片在字幕文本上的比例、位置、融合效果,如图 8-20 所示。

图 8-19　Sheen(辉光效果)

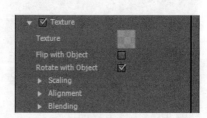

图 8-20　Texture(纹理效果)

(四)Strokes 描边属性

Strokes 描边效果,主要用于为字幕文本加上轮廓。描边分为 Inner Strokes(内描边)和 Outer Strokes(外描边),描边的方式共有三种:Edge(描边)、Depth(深度)、Drop Face(填充面)。

一般来说,粗字体适合内描边,细字体适合外描边,如图 8-21 所示。

图 8-21　Strokes 描边属性效果

(五)Shadow 阴影设置区域

Shadow 阴影效果,主要对文字的阴影效果进行设置,可以设置阴影的色彩、透明度、照射角度、投影距离、大小、扩散程度,如图 8-22 所示。

（六）Background 背景属性

Background 背景属性可以方便地设置字幕的背景颜色，颜色设置与 Fill 中的 Fill Type 相同，如图 8-23 所示。

图 8-22　Shadow 阴影效果

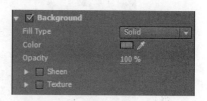

图 8-23　Background 背景属性

第三节　保存和使用字幕模板

由于字幕在创建时属于同一项目文件内的素材，不单独存在于原始素材库中，如果需要将同一字幕再应用于其他项目文件，就需要对字幕文件进行单独保存，如果需要重复使用曾经设定的字幕效果，还可以将字幕保存为模板。

一、保存字幕

保存字幕文件时，首先将 Project（项目）窗口中的字幕文件选中，然后通过 File（文件）菜单中 Export（导出）命令，选择导出 Title（字幕）文件，在弹出的对话框中选择保存路径并输出，如图 8-24 所示。

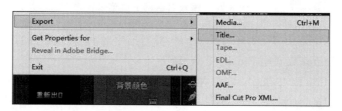

图 8-24　导出字幕菜单

二、保存字幕模板

将编辑完成的字幕保存成字幕模板，以便对其后编辑的字幕保持相同的设置和效果。

保存为字幕模板的方式有以下两种。

（1）从 Title 菜单中选择 Templates（模板）命令，打开 Templates（模扳）对话框。

（2）通过单击字幕窗口的按钮打开 Templates（模扳）对话框。

打开的模板对话框分为两部分，左侧是模板名称，包括 User Templates（用户自定义模板）和 Title Designer Presets（字幕设计者预设模板），后者是系统自带的一系列现场模板，模板窗口的右侧是字幕模板预览区，如图 8-25 所示。

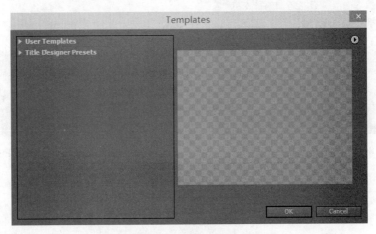

图 8-25　字幕模板对话框

单击模板对话框右上角的按钮，打开下拉菜单，如图 8-26 所示，在这个下拉菜单中包含关于设置字幕的基本命令。

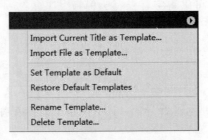

图 8-26　模板对话框下拉菜单

选择 Import Current Title as Template（将当前字幕保存为模板）选项，保存后的模板出现在 User Templates（用户自定义模板）下。

选择 Import File as Template（将导入字幕保存为模板）选项，会打开对话框，选择要导入的字幕文件，导入为模板。

选择 Set Template as Default（设置模板效果为默认静态字幕效果）选项，使选择的模板效果自动默认为新建的静态字幕效果，每次新建一个默认静态字幕都会显示模板设置的效果。

选择 Restore Default Templates（恢复默认模板）选项，可以恢复被用户设置的默认模板效果到系统的默认状态。

选择 Rename Template(重命名模板)选项,给模板重新取一个名字。

选择 Delete Template(在 Templates 模板窗口中删除模板)选项,可以删除用户自定义设置的无用的模板。

思考与练习

1. 新建字幕有哪几种方式?
2. 如何制作 4 色渐变填充效果?
3. 怎样给字幕添加阴影效果?

第九章

渲染输出

💡 **学习目标**

　　(1) 熟悉影片的预演；

　　(2) 了解文件输出格式；

　　(3) 学习运用 Adobe Media Encoder 输出；

　　(4) 掌握设置输出参数。

🎬 **引言**

　　在完成了对动漫影片的编辑操作之后，如果达到了满意的效果，就要着手输出影片。Premiere Pro CS6 提供了更加强大和方便的输出功能，配合 Adobe 自带组件 Adobe Media Encoder(媒体编码器)可以选择更多的输出的类型，输出的效果更加完美。

第一节　影片预演

　　对影片进行渲染输出之前要进行一系列设置，如预演和输出参数设置等。

　　在对影片进行最终输出之前有必要对影片可实现的效果进行预演，以观察是否符合要求，并随时发现编辑过程中的问题。

　　预演对影片编辑来说是非常重要的，一种常用的方式是在时间线中进行编辑操作时实时查看效果，不用通过系统的渲染过程，就是通过拉动时间线上的时间指针，然后在 Program Monitor(项目监视器)中就可以看到编辑后的效果。这种方式可以随意控制播放的速度，与正常播出时的状态是不一致的，而且当时间线上素材过多会出现跳帧或停帧的缓慢反应。

　　另一种方式是不用导出影片，在编辑之后按 Enter 键进行渲染，渲染完成后自动在 Program Monitor 中生成播放效果。但是默认情况下会渲染整个时间线上的素材，非常耗时，如果只是需要对一段素材进行渲染观察，可以通过设置预演的范围来快速查看。

　　在时间线上找到░░░░░░░░░░░░░░░滑块，通过调整滑块确定预演范围，如图 9-1 所示。

　　确定预演范围之后可以直接按 Enter 键进行渲染，在随后弹出的 Rendering 对话框中观察渲染进行的进度比例及剩余的渲染时间，这样可以方便用户掌握渲染进行的情况。

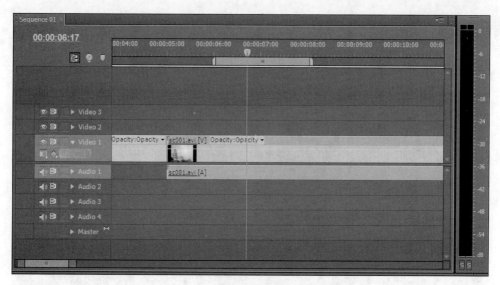

图 9-1　预演

第二节　设置输出参数

完成影片的渲染之后，激活所要导出的序列，在 File（文件）菜单中找到 Export（导出）命令，选择要导出的格式，如图 9-2 所示。

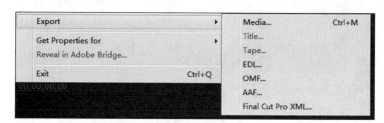

图 9-2　Export 导出菜单

在 Export（导出）菜单中选择导出 Media（媒体）命令，弹出渲染设置对话框，如图 9-3 所示。

在导出对话框中可以对导出影片的属性参数进行基本的设置。

（1）Format（文件类型）可以选择需要导出的影片的类型，如 AVI、GIF、MP3、MPEG 等格式，如图 9-4 所示。

（2）Preset（预设）下拉菜单中可以选择文件的制式或压缩编码方式，如 Quick Time 格式的压缩编码方式提供多种选择，如图 9-5 所示。

（3）Comments 注解栏中可以输入文字注解。

（4）Output Name 输出名称栏中可以为影片指定输出位置并命名。

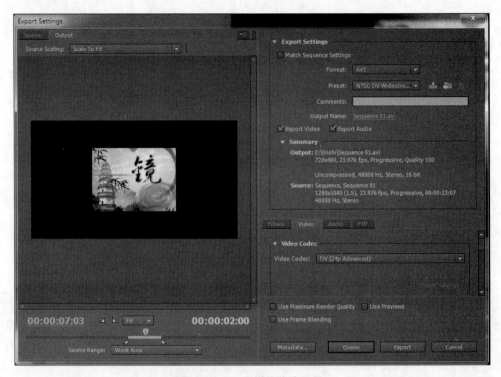

图 9-3　Media 媒体渲染设置

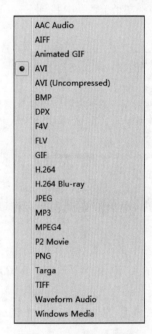

图 9-4　导出文件类型

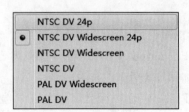

图 9-5　输出文件制式

第三节 使用 Adobe Media Encoder（媒体编码器）输出

一、以 AVI 为例输出影片

AVI 文件是由微软公司开发的，应用范围比较广，可以跨多个平台使用，支持的播放软件有 Windows Media Player、Divx Player、Quicktime Player、Real Player 等。AVI 格式文件图像质量较好，但文件相比其他常用格式也稍显庞大。

输出一个 AVI 格式的文件可以依照以下流程操作。

（1）在时间线窗口中完成编辑后，按 Enter 键渲染。

（2）在 File（文件）菜单中选择 Export/Media 导出媒体，打开导出设置对话框。

（3）在导出设置对话框中 Format（格式）下拉菜单中选择 Microsoft AVI 格式。

（4）在 Preset（预设）下拉菜单中选择文件的制式为 PAL DV。

（5）在 Comments 注解栏中输入注解"输出影片"，为影片指定输出位置并命名。

（6）在左侧的预览区域将图像的边缘黑框通过调整去掉，同时确认素材的时间和入点、出点的位置，如图 9-6 所示。

图 9-6 输出前确定入点、出点的位置

（7）完成以上设置之后就打开了 Adobe 的另一个重要组件 Adobe Media Encoder（媒体编码器）。在这个主界面中会出现完成设置的准备输出序列，并处于 Waiting（等待）输出状态，如图 9-7 所示。

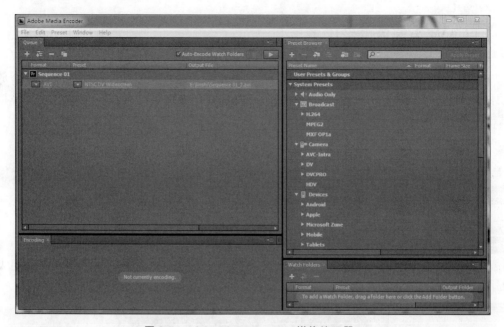

图 9-7　Adobe Media Encoder（媒体编码器）

（8）单击 Start Queue 按钮开始输出，可以在窗口下方的进度栏中观察输出的进度，如图 9-8 所示。

图 9-8　单击开始输出

（9）当进度条完成之后，关闭媒体编辑器，就可以在保存位置观看输出的视频了。

小贴士

输出 DVD

DVD 的文件格式为 MPEG 2，这种格式可以提供高标准的图像质量和更高的传输率，主要应用在 DVD/SVCD 的制作（压缩）方面，同时在一些 HDTV（高清晰电视广播）和一些高要求视频编辑、处理上也有相当的应用。

这种视频格式的文件扩展名包括 MPG、MPE、MPEG、M2V 及 DVD 光盘上的 VOB 文件等。在 Premiere 中可以方便地选择 MPEG 2 直接输出 DVD 视频。

二、以 GIF 格式为例输出图片格式

GIF 格式的图像文件多用于网络传输，GIF 格式可以通过多帧播放呈现无声动画的效果。要输出动态 GIF 格式也需要通过 File→Export→Media 打开输出设置对话框，如图 9-9 所示。

图 9-9　输出 GIF 格式动态图片

在输出设置窗口中，可以将 Format 格式选为动态 GIF 格式，其他设置与输出普通视频相同。

三、输出静帧序列

在非线性编辑过程中经常需要对运动的图像进行静态形式的保存，即将影片按照时间顺序导出为带有顺序编号的一系列静帧图像，称为导出静帧序列。由于序列文件是静帧的图片，所以在选择输出格式时只能选择 BMP、GIF、TGA、TIFF 等静态图像的格式。

在输出窗口中，将 Format 格式选为 BMP 格式，单击 Start Queue 按钮开始输出，如图 9-10 所示。

设置完成之后可以在 Adobe Media Encoder 窗口中完成输出。可以看到输出的序列文件是按顺序命名的一系列 BMP 格式图片，如图 9-11 所示。

图 9-10　输出 BMP 静帧图片序列

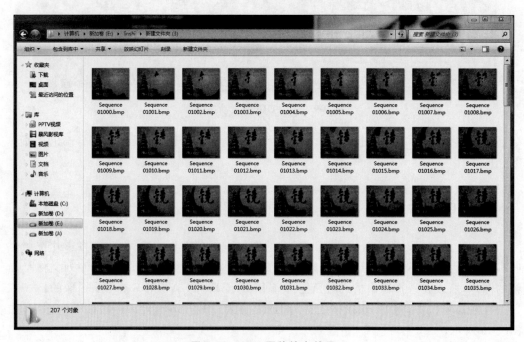

图 9-11　BMP 图片输出效果

思考与练习

1. 渲染输出的基本步骤有哪些？
2. 输出的参数设置中常用的视频格式是什么？
3. 输出静帧序列的方法和步骤是什么？

参 考 文 献

[1] 李晓彬.影视动画数字后期编辑与合成[M].北京:海洋出版社,2005.

[2] 朱晨鑫.动画制作后期特效[M].杭州:浙江大学出版社,2006.

[3] 孙立军.动画电影小百科[M].北京:海洋出版社,2007.

[4] 周鲒.动画电影分析[M].广州:暨南大学出版社,2007.

[5] 李铁,张海力.动画后期非线性编辑——Premiere Pro 2[M].北京:清华大学出版社,2007.

[6] 黄伟,陈建俊.动画影视后期编辑及软件应用[M].杭州:浙江大学出版社,2008.

[7] 刘大洪.导演及后期制作[M].上海:上海人民美术出版社,2008.

[8] 房晓溪.动漫后期合成教程[M].北京:印刷工业出版社,2008.

[9] 高桐.动漫后期合成基础[M].沈阳:辽宁美术出版社,2009.

[10] 郑伟,向小平.Premiere Pro CS4影视编辑技术[M].北京:清华大学出版社,2010.

[11] 项建恒.影视动画后期及获奖短片研析[M].北京:机械工业出版社,2010.

[12] 杨晓林.奥斯卡最佳动画短片分析[M].北京:中国传媒大学出版社,2010.

[13] 黄天来.动画导演及后期制作[M].上海:上海人民美术出版社,2011.

[14] 李保传.中国动画电影大师[M].北京:中国传媒大学出版社,2012.

[15] 刘东升.动漫游戏—动画电影分析[M].北京:中国水利水电出版社,2012.

[16] 孟春难.中文版 Premiere Pro CS6 基础培训教程[M].北京:人民邮电出版社,2012.

[17] 时代印象.中文版 Premiere Pro CS6 完全自学教程[M].北京:人民邮电出版社,2013.

[18] 段文兴,张予.Premiere 主流影视动画后期创作[M].北京:清华大学出版社,2013.

[19] 刘丽霞、邱晓华.3ds Max 动画制作高级实例教程[M].北京.中国铁道出版社,2014.

推荐网站

[1] Adobe 中国,http://www.adobe.com/cn.

[2] 中国设计网,http://www.cndesign.com.

[3] 火星时代网,http://www.hxsd.com.

[4] 星星非编论坛,http://www.xinxindv.cn.

[5] AETalk 影视后期论坛,http://www.aetalk.cn.

[6] DV 视频编辑论坛,http://www.dvedit.cn.

[7] 华盖创意,http://www.gettyimages.cn.

[8] 互动百科,http://www.hudong.com.

[9] 百度百科,http://baike.baidu.com.

[10] 设计在线,http://www.dolcn.com.

[11] 视觉中国,http://www.visualchina.com.

［12］三维网，http://www.3dportal.cn.

［13］百度文库，http://wenku.baidu.com.

［14］视觉同盟，http://www.visionunion.com.

［15］中国动漫产业网，http://www.cccnews.com.cn.

［16］腾讯动漫网，http://ac.qq.com.